广播电视监测技术研究

王 旭 著

中国财富出版社

图书在版编目(CIP)数据

广播电视监测技术研究／王旭著. — 北京：中国财富出版社，2019.10

ISBN 978-7-5047-7020-2

Ⅰ．①广… Ⅱ．①王… Ⅲ．①电视广播系统－监测 Ⅳ．①TN94

中国版本图书馆 CIP 数据核字（2019）第 225003 号

策划编辑	刘康格	责任编辑	邢有涛 刘康格	版权编辑	李 洋
责任印制	梁 凡	责任校对	卓闪闪	责任发行	杨 江

出版发行	中国财富出版社			
社 址	北京市丰台区南四环西路 188 号 5 区 20 楼		邮政编码	100070
电 话	010-52227588 转 2098（发行部）		010-52227588 转 321（总编室）	
传 真	010-52227566(24 小时读者服务)		010-52227588 转 305（质检部）	
网 址	http://www.cfpress.com.cn		排 版	中图时代
经 销	新华书店		印 刷	廊坊市海涛印刷有限公司
书 号	ISBN 978-7-5047-7020-2/TN·0008			
开 本	710 mm×1000 mm 1/16		版 次	2024 年 1 月第 1 版
印 张	9.5		印 次	2024 年 1 月第 1 次印刷
字 数	104 千字		定 价	48.00 元

前　言

广播电视监测是我国广播电视事业重要的、不可缺少的组成部分。它可以改善广播电视传输和播出质量、核查广播电视覆盖效果，为拟定、修改覆盖技术规划提供科学依据；可以维护广播电视的空中无线电波秩序，严格保护并有效利用频谱资源，保证群众良好的收听（收看）。广播电视监测是开展节目制作、传输和播出系统技术质量评比竞赛的评判依据；是各级广播电视行政主管部门和各级广播电台、电视台进行科学管理的现代化技术手段；是各级领导了解广播电视实际播出质量和覆盖效果、完善广播电视系统自我监督机制不可缺少的助手。

《广播电视监测技术研究》是研究广播电视监测技术的专著。全书共六章。第一章讲广播电视监测的基本内容；第二章讲射频信号测量技术；第三章讲中短波广播接收原理；第四章讲调频与电视广播的接收和监测；第五章讲有线电视监测；第六章讲卫星电视广播监测。

本书适合从事广播电视监测应用研究、无线电波传播研究、广播电视监测和广播电视管理部门的工程技术人员阅读。

在本书编写过程中，参考了很多专家的资料，在此深表感谢。由于时间仓促，书中难免有不足之处，敬请读者批评指正。

作　者

2023 年 9 月

目　录

第一章　广播电视监测的基本内容

第一节　我国广播电视监测的基本任务

一、监督检查广播电视电波发射特性

电波发射特性，主要指频率、频带宽度、杂散发射与发射功率方面的特性，电波发射特性中的频率、频带宽度与杂散发射是影响发射质量的重要因素。

1. 频率偏差

频率偏差是发射机实际发射所占频带的中心频率与无线电频率主管部门指配的频率之间的差数，或是实际发射的特征频率[①]偏离参考频率的差数，其易于识别和测量。

2. 频率偏差容许限度

频率偏差容许限度（频率容限）是《中华人民共和国无线电管理条例》规定容许的最大偏差，以赫或百万分之几表示。

---

① 例如，电视频道中的图像载频便是特征频率。

3. 频带宽度和必要带宽

广播电视在利用电波传输节目信息时，在无线电频谱中要占用一定的频带宽度（带宽）。

对于给定的发射类别，在规定的条件下传输信息，恰好能够保证传送信息所需的速率和质量的频带宽度，被称为必要带宽。

4. 带外发射

超过必要带宽的部分，被称为带外发射。带外发射是紧靠必要带宽外侧的一个或多个频率的发射（杂散发射除外），它由调制过程造成。带外发射不但无用，而且会产生干扰。因此，在实际工作中，要将带外发射限制在一定的范围之内。

5. 杂散发射

杂散发射是指必要带宽之外一个或多个频率的发射，而其电平降低后并不影响相应的信息传输。杂散发射包括谐波发射、寄生发射、互调产物和变频产物四类，但不包括带外发射。

监督检查广播电视电波发射特性，对于保证广播电视节目播放质量意义重大。

二、监测广播电视系统播出质量

广大听众、观众通过接收广播电视电波来收听、收看广播电视节目。发射台播出的节目是由广播电视中心制作的，它通过电缆、光缆、无线传频、微波或卫星等传送到发射台。发射台播出的节目技术质量受两方面制约，既受发射机技术指标制约，又受送入的节目信号质量制约。因此，监测台监测到的节目质量是系统的质量。一般来说，送到发射台的节目信号质量比发射机本身的技术指标高，但实际上，有时送入的节目信号质量低于发射机本身技术指标。因此，在监测节目质量时，要能判断节目质量损伤的原因来自哪一环节。

为确保高质量、不间断播出节目，需要经常地、不间断地对播出质量与运行状况进行监测。这种监测包括对射频信号、调制质量进行测量和对节目信号的声音或图像进行主观评价。监测标准或方法，按照国家广播电视总局有关发射机运行的技术指标及有关管理办法的规定。对广播电视系统播出质量进行的监测主要包括：停播与播出事故监测、电声质量监测、视频质量监测、调制度测量。

三、收测广播电视信号接收效果

按照广播频段的不同与要求服务地区距离远近的不同，实地收测广播电视信号接收效果有以下三种方法。

（一）广播覆盖区收测

我国的中波广播、调频广播与电视广播，系按照我国广播电视网规划设台，在建台以前，每部发射机的覆盖区域是按照规划的技术标准计算的。为了收测已建台的实际覆盖面积或区域是否与规划标准相符，应对每部发射机覆盖区域边缘的可用场强值进行实地收测。

（二）实地收测接收效果

除收测覆盖区域边缘的可用场强值外，对覆盖区域内某些地形比较复杂的地点或受干扰比较严重的地点，应进行实地收测，以查明影响接收效果的主要原因，并提出改善措施。

（三）对远地播向区域收听效果调查

对用短波广播的远地播向区域收听效果，应通过实地收测或了解当地听众反映情况来调查。

四、查明干扰源

影响广播电视信号接收的干扰源，主要有以下四种。

1. 同频、邻频混信干扰

广播电视频段内的同频、邻频混信干扰主要是由同频、邻频广播电视发射机电波导致的。当地台的混信干扰一般比较稳定，远地台的混信干扰一般不稳定。

2. 杂散发射干扰

它是各类业务发射机发射的杂散功率过大引起的一种干扰。

3. 电气设备产生的噪声干扰

电气设备包括工业、科学、医疗射频设备，汽车点火系统，家用电器，高压输电线与电气化铁道等。这类干扰多数为脉冲式干扰，也有连续振荡干扰。

4. 多径传播干扰

到达接收点的同一发射电波，有从最短途径过来的，亦有从其他途径过来的，它们相互之间形成干扰，致使产生接收障碍。常见的多径传播干扰如下。

（1）电视重影。这是电视电波从不同途径传输到接收天线上的时间不同而引起的。

（2）多径传播将使调频广播尤其是调频立体声广播左右声道的分离度下降，进而导致音质劣化。

（3）短波电离层传播产生的选择性衰落，常使节目信号失真。

（4）短波信号的"回声"，听起来为有时间差的两个相同的声音，这是因为接收到的电波有沿地球大圆弧方向过来的，也有绕地球正向或反向过来的。

干扰的大小可用接收点的干扰场强或用接收机输入端的干扰电压来表示。干扰对接收质量的影响程度可用欲收信号电平与干扰电平之比（D/U）来表示，通常用主观评价方法按 5 分制标准评定。不同的 D/U 对接收质量的影响程度随广播调制方式（调幅、调频等）的不同与节目种类的不同（声音或图像等）而有所不同。

五、与有关国家交换收测资料

（1）与有关国家广播组织定期交换双方收测对方广播电台的收听资料。收测内容通常包括接收信号强度、信号干扰、大气噪扰、传播衰落情况以及可听度等。

（2）协助有关国家查明广播频率受干扰情况，这种收测要求是由对方广播组织直接提出的，也有通过国家电信主管部门转达的。

（3）应国际频率登记委员会要求收测某项任务，这类收测任务一般通过国家电信主管部门转达。

六、观测电波传播情况

电波传播情况观测，需要多学科、多手段联合进行。有关电离层特性参数的测定与理论分析等，通常由电波研究机构进行；广播电视监测台、站所的电波研究，着重于广播电视电波实际传播情况研究。

第二节　我国广播电视频率的分段和管理

一、无线电频率的自然分段

一般认为，无线电频率的范围在 3Hz 至 3000GHz 的频率。为了使用方便，人们按照频率数的对数划分频段范围，共划分成 12 个大的频段。各频段名称、频率范围和它们相对应的波段名称、波长范围如表 1-1 所示。

表 1-1　　　　　　　　　　无线电频段和波段命名

段号	频段名称	频率范围 （含下限,不含上限）	波段名称		波长范围 （含下限,不含上限）
1	极低频（ELF）	3 赫（Hz）~30 赫（Hz）	极长波		100 兆米~10 兆米
2	超低频（SLF）	30 赫（Hz）~300 赫（Hz）	超长波		10 兆米~1 兆米
3	特低频（ULF）	300 赫（Hz）~3000 赫（Hz）	特长波		1000 千米~100 千米
4	甚低频（VLF）	3 千赫（kHz）~30 千赫（kHz）	甚长波		100 千米~10 千米
5	低频（LF）	30 千赫（kHz）~300 千赫（kHz）	长波		10 千米~1 千米
6	中频（MF）	300 千赫（kHz）~3000 千赫（kHz）	中波		1000 米~100 米
7	高频（HF）	3 兆赫（MHz）~30 兆赫（MHz）	短波		100 米~10 米
8	甚高频（VHF）	30 兆赫（MHz）~300 兆赫（MHz）	米波		10 米~1 米
9	特高频（UHF）	300 兆赫（MHz）~3000 兆赫（MHz）	微波	分米波	10 分米~1 分米
10	超高频（SHF）	3 吉赫（GHz）~30 吉赫（GHz）		厘米波	10 厘米~1 厘米
11	极高频（EHF）	30 吉赫（GHz）~300 吉赫（GHz）		毫米波	10 毫米~1 毫米
12	至高频（THF）	300 吉赫（GHz）~3000 吉赫（GHz）		丝米波	10 丝米~1 丝米

二、频段划分中的几个术语

（一）专用业务频段和共用业务频段

只划分给一种业务用的频段叫专用业务频段，否则叫共用业务频段。

（二）主要业务和次要业务

共用业务频段中，有主要业务和次要业务之分。次要业务应服从主要业务的需要，不得对主要业务产生有害干扰。

（三）广播业务

它是供一般公众直接接收而进行发射的无线电通信业务。此项业务包括声音的发射等。

（四）卫星广播业务

利用空间电台发送信号，以供一般公众接收（包括个体接收和集体接收）的无线电通信业务。

（五）固定业务

固定业务是固定台、站之间的无线电通信业务。

（六）移动业务

移动业务是移动台、站和固定台、站之间或移动台、站之间的无线电通信业务，分为陆地的、水上的和航空的三种。

（七）标准频率和时间信号业务

它是为科学技术目的和其他目的发射的具有固定高精度的指定频率和时间信号的无线电通信业务。

（八）业余业务

它是经过正式批准的单位和个人，为开展业余无线电活动，试验收发信设备，进行技术探讨、通信试验和比赛的无线电通信业务。

（九）空间业务

空间台、站和地球站之间或空间台、站之间的无线电通信业务。

（十）安全业务

为保障人类生命财产安全而长久或临时使用的任何无线电通信业务。

（十一）无线电导航业务

利用无线电波向航空器、船舶提供航行引导信息的无线电通信业务。

（十二）无线电定位业务

利用无线电波的传播特性，测量某一物体的位置或获得与物体位置有关的信息的无线电通信业务。

第三节　广播电视监测的基本知识

一、相关地理知识

（一）地球的大小

地球的平均半径约为 6371 千米；赤道半径约为 6378 千米；极半径为 6357 千米；质量为 $5.972×10^{24}$ 千克；体积为 $1.083×10^{12}$ 立方千米；表面积为 5.1 亿平方千米。

（二）地轴、赤道、两极

1. 地轴

地轴，即地球斜轴，又称地球自转轴，是指地球自转所绕的轴。地轴通过地心，连接南、北两极，和地球自转轨道面——赤道面垂直。地轴北端始终指向北极星附近。

2. 赤道

赤道是地球表面的点随地球自转产生的轨迹中周长最长的圆周线。赤道周长为 40075.02 千米，赤道是划分纬度的基线。它把地球分为南北两半球，赤道以北是北半球，赤道以南是南半球。赤道的纬度为 0°，赤道是地球上重力加速度最小的地方。

3. 两极

两极是指地轴穿过地心与地球表面相交的两点，分别为北极和南极。北极为地轴北段与地球表面的交点。南极为地轴南段与地球表面的交点。

（三）经纬线和经纬度

经线和纬线是人们为了在地球上确定位置和方向，在地球仪和地图上画出来的线，实际地面上并没有经纬线。连接南北两极的线，叫经线。和经线相垂直的线，叫纬线，是一个个长度不等的圆圈，最长的纬线就是赤道。经线指示南北方向，经线又叫子午线。国际上规定，把通过英国格林尼治天文台原址的那条经线，叫作 0° 经线，它也叫本初子午线。纬线指示东西方向。经纬度是经度与纬度的合称，组成一个坐标系统。

它又被称为地理坐标系统，是一种利用三度空间的球面来定义地球上的空间的系统，能够在地球仪上标示地球上的任何位置。经线、纬线交织形成经纬网，作用是定位置、定方向。

（四）地球的自转、公转

地球是一个两极略扁的不规则椭圆体。地球自西向东自转，同时围绕太阳公转。地球公转就是地球按一定轨道围绕太阳转动。太阳引力场以及自转的作用，导致地球公转。地球自转与公转运动的结合产生了地球上的昼夜交替和四季变化。

（五）回归线

回归线指的是地球上南、北纬 23°26′的两条纬度圈。北纬 23°26′被称为北回归线，是阳光在地球上直射的最北界线。南纬 23°26′被称为南回归线，是阳光在地球上直射的最南界线。南北回归线，是太阳每年在地球上直射来回移动的分界线。

（六）四季的形成

四季是由地球的公转形成的。由于地轴相对于黄道平面的方向是不变的，在地球公转的过程中，太阳直射点在南北回归线之间做回归运动。当太阳直射点在北半球时，北半球是夏天，南半球是冬天；反之亦然。

（七）五带的划分

五带是根据南北回归线和南北极圈划分的。前者是太阳回归运动的南北极限，为热带与温带的分界线；后者是极昼极夜的界线，是温带和寒带的分界线。五带的经纬度区间如下。

热带：南纬 23°26′和北纬 23°26′之间。

南温带：南纬 66°34′和南纬 23°26′之间。

北温带：北纬 66°34′和北纬 23°26′之间。

南寒带：南纬 66°34′和南纬 90°之间。

北寒带：北纬 66°34′和北纬 90°之间。

（八）时区

时区是指地球上的某些区域使用同一个时间。以前，人们通过观察太阳的位置（时角）决定时间，这就使不同经度的地方的时间有所不同（地方时），设立一个区域的标准时间部分地解决了这个问题。

国际原子时是一个高精度的原子坐标时间标准，其与地球自转没有直接联系，由于地球自转速度长期变慢的趋势，其与世界时的差异逐渐变大，为了保证时间与季节的协调一致，便于日常使用，建立了以原子时秒长为计量单位的时间系统，称为协调世界时（UTC）。

二、世界分区

（一）亚洲

亚洲是亚细亚洲的简称，是世界七大洲中面积最大的洲。其绝大部分土地位于东半球和北半球。它传统上被定义为非洲—亚欧大陆的一部分。跨越经纬度十分广，东西时差达 11 小时。亚洲地跨寒、温、热三带，气候基本特征是大陆性气候强烈，季风性气候典型，气候类型复杂。

在地理上习惯将亚洲分为东亚、东南亚、南亚、西亚、中亚和北亚。长期以来，亚洲一直是全世界人口最多的大洲。根据联合国官方网站上的信息，截至 2022 年 11 月，有大约 44 亿人居住在亚洲，占世界人口比例 55%。中国与印度是全世界人口较多的两个国家，拥有全球近 37% 的人口。

（二）欧洲

欧洲全称欧罗巴洲，是世界人口第三多的洲（仅次于亚洲和非洲），人口密度平均每平方千米 70 人，欧洲东以乌拉尔山脉、乌拉尔河为界，东南以里海、高加索山脉和黑海与亚洲为界，西隔大西洋、格陵兰海、丹麦海峡与北美洲相望，北接北极海，南隔地中海与非洲相望。欧洲最北端是挪威的诺尔辰角，最南端是西班牙的马罗基角，最西端是葡萄牙的罗卡角。欧洲与亚洲合称为亚欧大陆，而欧洲与亚洲、非洲合称为亚欧非大陆。

（三）非洲

非洲全称阿非利加洲，位于亚洲的西南面，东濒印度洋，西临大西洋，北隔地中海与欧洲相望，习惯上以苏伊士运河作非洲和亚洲的分界。非洲大陆东至哈丰角，南至厄加勒斯角，西至佛得角，北至吉兰角。面积约 3000 万平方千米（包括附近岛屿）。

（四）大洋洲

大洋洲在亚洲和南极洲之间，西邻印度洋，东临太平洋，并与南北美洲遥遥相望。其狭义的范围是东部的波利尼西亚、中部的密克罗尼西亚和西部的美拉尼西亚三大岛群。

（五）北美洲

北美洲全称为北亚美利加洲，位于西半球北部。它东濒大西洋，西临太平洋，北濒北冰洋，南以巴拿马运河为界与南美洲相分，总面积为2422.8万平方千米（包括附近岛屿），约占世界陆地总面积的16.2%，是世界第三大洲。通用语言为英语，其次是西班牙语、法语、荷兰语、印第安语等。芝加哥、纽约、奥克兰、休斯敦、洛杉矶、温哥华、多伦多、渥太华、墨西哥城和哈瓦那为主要国际航空中心。

（六）南美洲

南美洲全称为南亚美利加洲，位于西半球的南部，东濒大西洋，西临太平洋，北濒加勒比海，南隔德雷克海峡与南极洲相望。其西面有海拔数千米的安第斯山脉，东向则主要是平原，包括亚马孙森林。其一般以巴拿马运河为界同北美洲相分。

三、世界主要语种和语言

（一）世界主要语言使用区域

目前世界上使用范围最广的语言是英语。将英语作为第一语言的国家和地区有澳大利亚、巴哈马、爱尔兰、巴巴多斯、百慕大、圭亚那、牙买加、新西兰、圣基茨和尼维斯联邦、特立尼达和多巴哥共和国、英国和美国等。目前世界上把英语作为第一语言（本族语）的人口数约有3亿人。

将英语作为第二语言的国家包括巴西（连同葡萄牙语）、加拿大（连同法语）、多米尼克、圣卢西亚、圣文森特和格林纳丁斯（连同法语）、密克罗尼西亚、爱尔兰（连同爱尔兰语）、利比里亚（连同非洲语言）、新加坡、马来西亚和南非（连同南非荷兰语和其他非洲语言）。将英语作为第二语言（即不是本族语，但为所在国通用语）使用的人口数约有2.5亿人。

英语是下列国家和地区的官方语言（之一），但不是本地语言，具体包括斐济、加纳、冈比亚、印度、基里巴斯、莱索托、肯尼亚、纳米比亚、尼日利亚、马耳他、马绍尔群岛、巴基斯坦、巴布亚新几内亚、菲律宾、所罗门群岛、萨摩亚群岛、塞拉利昂、斯威士兰、坦桑尼亚、赞比亚和津巴布韦。把英语作为外国语使用的人口数约有5亿人。

汉语普通话是联合国六种工作语言之一，是公认的世界上最有影响力的语言文字。联合国其他五种工作语言是英语、俄语、法语、西班牙语和阿拉伯语。

欧洲和非洲很多国家讲法语，北美洲大部分国家讲西班牙语，少部分北美洲国家和非洲国家讲葡萄牙语。

（二）世界各国对外广播使用语言的特点

除中国、美国、俄罗斯、英国和德国等广播大国对外广播的语言遍及世界各地区，其他国家对外广播除播出本国语言和英语外，主要播出周边国家的语言，还有就是有选择地播出一些世界重要地区的主要语言和与本国有历史渊源的国家的语言。

四、中国国际广播电台部分广播语种

中国国际广播电台目前使用六十多种语言向全世界广播。由于每种语言的覆盖区域不同，除了几个大语种外，有的语种服务对象地区单一，有的语种服务对象地区比较复杂。

第二章　射频信号测量技术

广播电视射频信号监测主要是测量发射的载波频率、调制度、电场强度、频带宽度（带宽）、测向及监测无线电频谱的占用情况等。所用的仪器设备主要是接收天线、接收机与测量仪器。

第一节　频率测量

频率是无线电广播极为重要的技术参数，为充分利用无线电频谱资源，减少同频差拍干扰，以及确保节目高质量播出，需要准确地测量发射机频率。

近年来，频率测量技术得到了快速发展，过去曾在频率测量中广泛使用的外差频率计与多谐振荡器等测频仪器，现在已普遍为数字频率计与频率合成器等所代替。一般测频或校频用的基本测量仪器主要是频率合成器、频率计数器、频率比较指示器与线性相位计等。

一、频率测量方法

监测台频率测量（监测台测频），为远距离测量，有以下特点：接收到的信号一般较为微弱，中、短波天波信号常有衰落；收测的信号有时有干扰或噪声；收测的为已调波频率。监测台测频都需要与接收机相配合，测频方法主要是比较法与计数法。测频方法的选用主要依赖被测信号的调制方式与接收机所具有的性能及功能。调幅波信号的频率测量一般以比较法为主，而调频波多用计数法测量。

（一）比较法

比较法是用一个或两个已知的参考频率与被测的发射机发射频率进行比较的一种方法。用此法测频的方案有多种，如频率偏置比较法、直接比较法、测量中频法等。

1. 频率偏置比较法测频

频率偏置比较法是对被测频率先后进行二次比较的一种测频方法，第一次比较是用一个已知的高频信号频率与被测频率在接收机内进行比较。调节高频信号发生器输出频率，使之与被测频率相差约为1kHz。第二次比较则是把接收机输出的上述差频频率与已知的音频频率进行比较。通过以上二次比较，被测信号频率就可按有关计算公式算出。

（1）测频设备。

测频设备主要由标准频率仪、频率合成器、接收机、示波器、音频振荡器等仪器组成。标准频率仪作为监测台参考频率信号源使用。频率合成器作为高频信号发生器使用。接收机为一般通用接收机，对接收机本振电路形式与本振频稳度则无特别要求。音频振荡器频率范围约为900~1000Hz。

（2）测量与计算方法。

测频时首先用接收机接收信号频率f_X，接着从频率合成器输出一个与被测信号频率进行高频比较的参考频率f_1至接收机输入端。f_1比被测频率低 1kHz 左右（900～1100Hz），且为 100Hz 整倍数频率。f_1与f_X在接收机检波器内产生差拍频率f_b（$=f_X-f_1$），把接收机输出的f_b加至示波器的 Y 通道输入端，同时把音频振荡器输出的f_2加至示波器的 X 通道输入端，在示波器上的李沙育图形帮助下，调节f_2使之与f_b相同，这时被测频率可按下式计算：

$$f_X=f_1+f_2 \tag{2-1}$$

式（2-1）中，f_1为频率合成器输出频率，f_2为音振频率。在上述测量过程中，之所以把频率合成器频率与测量信号频率偏置约 1kHz，是因为经适当偏置后f_1与f_X之间的差频可准确地被测量出。如把f_1直接调节至与f_X同频，则两个同频之间的差频就很难被准确地测量出。如要把测量信号频率的偏差测量至 1Hz 以下，可通过测量两个有关频率之间的相位差来确定，这种测量常称为频率的精密测量。对信号频率精密测量主要是测量接收机输出的约 1kHz 的差频，测量方法是把差频f_b输入示波器的 Y 输入端，1kHz 参考频率加至 X 输入端，观察李沙育图形的相位变化速度。设李沙育图形相位变化 360°所需时间为t秒，则差频频率为 1kHz±1/tHz。这时被测信号频率可按下式计算：

$$f_X=f_1+1000\pm1/t \tag{2-2}$$

（3）测量误差。

测量误差分为系统误差与操作误差两部分。系统误差包括标准频率仪频率、频率合成器频率与音频振荡器频率的误差。当频率合成器压控振荡频率的相位锁定时，它的频率相对误差与标准频率仪频率误差相同。音频振荡器的频率刻度可用频率计数器校准，音频振荡器的频率亦可用频率计数器来指示，因而音振频率误差一般可保持在 0.5Hz 以下。操作误差则与观察李沙育图形时间的长短有关，如观察时间较长或观察时间大于相位变化 360° 所需时间，则操作误差可忽略。

监测台标准频率仪频率误差一般为 1×10^{-9}ppm，精度高，对测量中、短波广播发射机频率来说，标准频率仪频率合成器频率所引起的测量误差是可以忽略的。所测量的频率偏差如按式（2-1）计算，则测频误差主要由音频振荡器频率误差引起，因而对中、短波测量来说，测量误差可小于 1Hz。

对中波同步广播频率的测量需采用精密测频方法，被测频率按式（2-2）计算，由于精密测量的测量误差主要取决于标准频率仪频率误差，如标准频率仪频率误差为 1×10^{-9}ppm，则测量中波同步广播频率误差将小于 1.5×10^{-3}Hz。

2. 直接比较法测频

直接比较法测频需与数字式接收机配合，对接收机的频率分辨力要求为小至 1Hz。接收机上频率合成器频率与其他本振频率需与标准频率仪频率同步。在直接比较法测频中，接收机上的频率合成器起到测频中的高频信号发生器作用。从测频意义上说，频率合成器与被测频率之间的差频为接收机中频（不是标称中频），这个差频由混频器产生，从中频输出端输出。

直接比较法测频原理是数字式接收机上显示的频率读数为本振频率（频率合成器输出频率）减去中频的标称频率，如接收机调谐准确，这时接收机上显示的频率数即为被测信号频率。至于接收机输出的中频是否与标称中频相同，可把输出中频与标称中频进行比较，用李沙育图形监视。

用直接比较法测频操作甚为简单，用接收机接收到信号频率后仔细调谐接收机，使输出中频与标称中频相同，这时接收机上所显示的频率即为被测频率。测量误差为被测频率数乘以标频仪的相对误差。如需要精密测量，可观察李沙育图形相位变化。

3. 测量中频法测频

测量中频法以数字接收机上的频率合成器作为测量比较用的高频信号发生器，但对频率合成器频率分辨力的要求低一些，如为每步 10Hz 或 100kHz，为能把频率偏差测量至 1Hz 以下，需要对接收机输出的中频信号频率进行测量。

接收机的接收频率范围为 10kHz～30MHz，接收频率分辨力为 10Hz。如用该接收机直接测频，其误差可能大至 10Hz，为能把测量误差减小至 1Hz，可对接收机的低中频 30kHz 信号频率进行实际测量。对 30kHz 中频信号频率的测量可用李沙育图形比较法或用频率计数法。用李沙育图形比较法时，可变振荡器输出的信号频率读数应小至 1Hz。频率计数法需把经过放大、整形与窄带滤波后的 30kHz 中频信号送入计数器计数。窄带滤波的用途是滤去边带波信号。

被测频率 f_X 按下式计算：

$$f_X = f_r + f_{IF} - f_2 \tag{2-3}$$

式（2-3）中，f_r 为接收机频率读数；f_{IF} 为接收机标称中频。

测量中频法的特点是，比起频率偏置比较法，少了一台高频信号发生器；比起直接比较法，对接收机的频率分辨力要求可低一些。

（二）计数法

计数法是指用频率计数器测量射频信号频率。用此法测频输入计数器的信号频率应信号电压足够大（如大于 10mV）、无干扰以及已调波中的边带分量不致给测量带来误差。用计数法测频，应用能对接收的高频信号进行"选频、放大"的测试接收机。测试接收机选出欲收测信号频率并进行放大，随后把经选频、放大后的高频信号送至计数器进行计数。

计数法测频用接收机接收频率范围为 9kHz～30MHz，机内有三个本振与六个混频器（$M_1 \sim M_6$）。接收通道内的三个混频器（$M_1 \sim M_3$），工作方式与一般三次变频式接收机内的电路相似。第一中频为高中频（75MHz）。但第三中频选用得较低，为 30kHz，中频选用较低有利于选频。在第三中频放大电路内接有限幅电路与窄带滤波器（带宽为 150Hz），以便对调幅波的边带分量进行有效抑制。经放大与处理后的第三中频信号输入混频器 4（M_4），混频器 4 通过滤波后的输出频率与混频器 3 的输入频率相同。混频器 5 的输出频率与混频器 2 的输入频率相同，混频器 6 的输出频率 f_0 与混频器 1 的输入信号频率 f_x 相同，亦即混频器 6 的输出频率与欲测信号频率相同，但这时的输出信号频率因经过放大、选频，已能为频率计数器计数。

用计数法测频的优点是操作简便，对接收机调谐要求亦无须很临界，较适用于测量接收信号较强且无干扰的频率。

对频率计数器的要求是：频率范围应与被测信号频率对应，输入灵敏度应优于 10mV，分辨力为 1Hz，屏蔽性能良好。

二、单边带发射机的频率测量

单边带发射机发射的如为减幅载波单边带信号，因发射有一部分载波信号，测频可采用上述比较法或计数法，但测量时需要仔细调谐接收机与选用窄的通频带。一般来说，测量单边带发射机频率要困难一些，测量时间亦应适当延长一些，以确保所测频率准确。

至于载波抑制或载波分量很小的单边带信号，因对发射机的载波分量无法利用，对这种发射信号的测频，可采用正确调谐接收机法，使接收到的广播信号声音最为清晰、动听，这时被测频率为接收机的本振频率减去同步检波器的载波再生频率。因接收机调谐是否准确系操作人员主观判断，测量误差要相对大一些，约为几赫兹。

三、调频发射机的频率测量

未加调制信号的调频波频率即为调频发射机的载波频率，这时的频率测量方法如同测量调幅波的载波频率，已调的调频波信号频率随调制信号幅度改变而改变。因此，测量调频波频率只能测出它的平均值。

通常调制信号的正、负峰波形并不对称，因而调频波正、负方向的最大频率偏移量亦不对称，但如测量时间比音频调制信号中最低频率的周期长得多，则所测频率的平均值将与未加调制时的载波频率十分接近。因此，测量调频发射机的运行频率常采用测量频率平均值的方法。测量调频波频率的方法主要有计数法与频率偏置计数法两种。

（一）计数法测量

对调频广播与电视伴音广播频率的计数法测量，须用 VHF（甚高频）-UHF（超高频）频段测试接收机。测试接收机的通频带宽度应大于调频波最大频偏量的两倍。由于调频波信号幅度是固定的，它较适于用计数器测量。

（二）频率偏置计数法测量

频率偏置计数法亦称内载波法，用此法测频对调频接收机无特殊要求，但需用一台测频设备，除接收机外主要是频率合成器、频率计数器与相关附加装置。图 2-1 为频率偏置计数法测频方框。

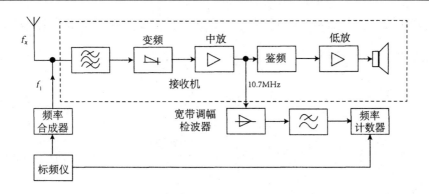

图 2-1　频率偏置计数法测频方框

设被测频率为 f_X，调节 f_1，使 f_1 低于 f_X 的中心频率约 100kHz，从接收机中放输出端接出中频（通常为 10.7MHz）信号至一宽频带调幅检波器，利用检波器的非线性特性，使 f_1 与 f_X 之间产生一个差拍频率 Δf，该差拍频率范围一般在 200kHz 以内。通过低通滤波器，把此差拍频率送至频率计数器计数。差频 Δf 采用平均法测量，即用足够长的测量时间对差频进行累计计数。把累计的频率数 $\sum \Delta f$（Hz）除以测量时间 t（s），得到差频的平均值 $\overline{\Delta f}$。这样被测调频波频率的平均值（或中心频率）f_X 可由下式计算出：

$$f_X = f_1 + \overline{\Delta f} \qquad\qquad (2\text{-}4)$$

式（2-4）中，$\overline{\Delta f} = \dfrac{\sum \Delta f}{t}$。

（三）调频波频率测量误差

调频波的频率测量误差包括两部分，一部分为测量仪器误差，它包括参考频率的相对误差与计数器最低位的一个数字量的误差；另一部分是调频波频率测量特有的附加误差 Δf_{max}，它主要是因所测频率是平均值出现的，其数值可从以下关系式导出：

$$\Delta f_{max} = \frac{m}{2t} \qquad (2-5)$$

式（2-5）中，m 为调频指数，$m = \dfrac{调频偏移量}{t}$；t 为计数器累计测量时间，可长至 100s。

第二节　电场强度测量

一、场强测量原理

电场强度（简称场强）测量通常采用标准天线法。将一副形状简单的天线，放置在场强为 E 的电磁场内。天线上的感应电压 U_a 与场强 E 之间有如下关系：

$$U_a = h \times E \qquad (2-6)$$

式中，h 为天线有效高度（或有效长度）。测量场强用的标准天线主要是环状天线、短垂直天线与半波对称振子天线。因这些天线的结构比较简单，它们的有效高度与内阻可按天线理论计算。

在式（2-6）中，h 系按理论计算，如能设法测量出 U_a，则场强 E 就可按下式计算：

$$E = \frac{U_a}{h} \qquad (2-7)$$

二、场强测量方法

最常用的场强测量方法是使用场强测量仪。场强测量仪是一种测量场强的专用仪器，主要由测量天线与测试接收机组成。场强测量仪所测场强按下式计算：

$$E = K \times U_r \qquad\qquad (2-8)$$

式中，K 为场强测量仪中测量天线的天线系数；U_r 为接收机输入电压。在场强测量中引入天线系数是为了便于对所测场强进行计算。K 值与天线有效高度成反比，与天线及接收机之间的电压传输系数成反比。另外，该天线系数由生产厂家提供。

第三节　调制度测量

广播电视中的调制度是指调幅波的调幅度与调频波的调制度。通常所讲的调幅度是指调幅波的瞬时调幅度。与边带波的能量相联系的调幅度常用平均调幅度来表示。

调制度测量仪大致有两种结构形式，一种是测量仪内部装有高频电路，可直接对射频已调波信号进行测量；另一种是测量仪与监测接收机相配合，以接收机的中频输出信号作为测量仪的输入信号。监测台用的调制度测量仪后者居多。

一、调幅度的测量

(一) 调幅波与调幅度

用单音频信号调制的调幅波可用下式表示:

$$u\ (t)\ =\ (U_{cm}+U_{\Omega m}\cos\Omega\ t)\ \cos\omega\ t=U_{cm}\ (1+m\cos\Omega\ t)\ \cos\Omega\ t$$

$$=U_{cm}\ [\ \cos\omega t+\frac{m}{2}\cos\ (\omega+\Omega)\ t+\frac{m}{2}\cos\ (\omega-\Omega)\ t\ ] \qquad (2-9)$$

式中, U_{cm} 为载波振幅; $U_{\Omega m}$ 为音频调制信号振幅; ω 为载波角频率; Ω 为音频角频率, m 为调幅度 (或称调制系数)。

$$m=\frac{U_{\Omega m}}{U_{cm}}\times100\% \qquad (2-10)$$

调幅波用波形表示时, 调幅度按下式计算:

$$m=\frac{A-B}{A+B}\times100\% \qquad (2-11)$$

式中, A 为包络上、下两正峰间的幅度, B 为包络上、下两负峰间的幅度。包络正、负峰波形不对称的调幅波的正峰调幅度与负峰调幅度分别按下式计算:

$$m_p=\frac{A-C}{C} \qquad (2-12)$$

$$m_N=\frac{C-B}{C} \qquad (2-13)$$

式中, C 为载波峰峰值幅度。

（二）调幅度测量方法

调幅波的调幅度测量方法主要有以下三种。

1. 用示波器观测调幅波包络波形

单音频信号调制的调幅度测量：将示波器设置成内扫描工作方式，把被测调幅波信号加至示波器的垂直输入端，调节示波器上的有关旋钮，使荧光屏上显示出稳定的两个包络波形，则所测调幅度按上文对应公式算得。

节目信号调制的调幅度测量：用节目信号调制的调幅波包络波形是个随机的波形。将示波器设置成内扫描工作方式，把调幅波信号加在示波器垂直输入端，水平的扫描频率约为 25Hz。

2. 用调幅度仪测量

调幅度仪是测量调幅度用的一种仪器，它用线性检波器对中频调幅波信号进行检波，然后在检波输出端通过交流、直流分离电路，分离出代表载波信号振幅的直流电压与代表音频调制信号振幅的交流电压。用电压表测量这些电压，所测调幅度按式（2-10）计算。调幅度仪上通常装有两只电表，一只指示载波电压，另一只指示音频信号电压（按调幅度定度）。当载波电压调整到额定值时，音频电压表上的调幅度读数即为所测调幅度。

调幅度仪的校准包括调幅度刻度线校准与电表指示读数校准。调幅度刻度线与检波器及放大器的线性度有关，一般不需要经常校准。电表指示读数与放大器增益有关，放大器增益随工作电压与环境温度变化而变化，需要经常校准。

3. 用频谱分析法测量

这是用选频电压表（如测试接收机、频谱分析仪等）测量出调幅波的载频与各边频分量电平，然后按调幅度的定义公式计算出调幅度。用单音频调制的调幅度可按式（2-10）计算。此法常用于计量标准调幅波的调幅度。

二、平均调幅度的测量

调幅广播信号的平均调幅度是指在某段测量时间内节目信号边带波功率的平均值与载波功率之比，如能与一单音频（如1000Hz）信号载波调制到某一调幅度的边带波功率和载波功率之比相当，则该节目信号的平均调幅度就等于单音频信号所调制的调幅度。

目前，对运行中的平均调幅度可采用数字式平均调幅度仪测量。数字式平均调幅度仪由模拟量电路与数字测量电路两部分组成。模拟量电路与调幅度仪内的电路相同。数字测量电路主要包括以下几部分。

（一）A/D 转换电路

在取样时钟信号控制下，把检波输出，经削波后，通过 A/D 转换电路转换成离散的数字量信号。A/D 转换器的基准电压为检波输出的正极性直流（载波）电压。取样时钟脉冲频率为100kHz，它由微机内的计数器定时器电路提供。采用较高取样脉冲频率可提高测量精度。

（二）微机

微机由中央处理单元、只读存储器、随机存储器、计数定时器电路与并行输入/输出接口电路等组成。中央处理单元按照键盘输入的操作指令，结合只读存储器内的取样测量程序，首先把由 A/D 转换器输出的数字量通过输入/输出接口电路与微机内部总线输入至随机存储器，并用公式计算随机存储器内的测量数据，最后由随机存储器把计算的数字量通过总线与输入/输出接口电路输出至数字显示电路。

（三）键盘输入与数字显示

平均调幅度的测量起止时间与测量要求通过数字量由键盘输入，测量结果采用数字显示。

三、调频波调制度的测量

（一）调频波频偏或调制度

用单音频信号调制的调频波可表述如下：

$$U_{FM} = U_{cm}\sin\left(\omega_c + \frac{\Delta\omega_m}{\Omega_a}\sin\Omega_a t\right)$$

$$= U_{am}\sin\left(\omega_c t + m_f\sin\Omega_a t\right) \tag{2-14}$$

式中，U_{cm} 为载波振幅；ω_c 为载波角频率；U_{am} 为音频振幅；Ω_a 为音频角频率；$\Delta\omega_m$ 为调频波角频率的最大偏移，$\Delta\omega_m = KU_m$，K 为比例系数，取决于调制器的特性；m_f 为调频指数。

$$m_f = \frac{\Delta \omega_m}{\Omega_a} = \frac{\Delta f_m}{F_a} \qquad (2-15)$$

式中，F_a 为音频信号频率，Δf_m 为调频波载波频率的最大偏移。

调频波调制度（或称调制系数）为：

$$m = \frac{\text{已调波载波频偏}}{\text{额定最大系统频偏}} \times 100\% \qquad (2-16)$$

式中，额定最大系统频偏随不同系统而定，按国标规定，我国调频广播最大频偏为±75kHz，电视伴音最大频偏为±50kHz。

（二）调频波调制度测量仪

调频波鉴频输出的音频信号电压与调频波载频偏移量成比例，当调频波信号振幅为额定值时，它的调制度可用经校准的、有调制度（或频偏）刻度的电压表读出。

1. 中放与混频电路

对中放电路要求为有足够的增益与在通频带内有平坦的幅频特性和线性的相频特性。采用比例鉴频器等作为鉴频电路的测量仪时，中频多为 10.7MHz；采用脉冲计数式鉴频电路的测量仪时，中频则选用得较低（1MHz~3MHz）。在频偏仪内，输入数字式鉴频电路的中频为 1.5MHz，该中频系从测量仪输入的 10.7MHz 中频信号经变频后得到。对本振信号与混频电路都要求为低噪声的与低寄生电平的，以免影响测量准确度。

2. 鉴频电路

测量仪内的鉴频电路多采用脉冲计数式鉴频电路，这种鉴频电路具有线性度好、无调谐电路、电路本身几乎不需要任何调整等优点。脉冲计数式鉴频电路的基本原理是把输入的调频波信号先经过脉冲形成电路，变为等幅度、等宽度的脉冲串，然后经低通滤波器与隔直流电路取出音频节目信号。

3. 低放与调制度指示器等电路

测量仪鉴频输出端的低通滤波器截止频率应高达 200kHz，因可恢复的最高调制频率受低通滤波器截止频率限制。此外，要求低通滤波器在 30Hz~53kHz 频段内有平坦的幅频特性与线性的相频特性。

低通滤波器输出的音频信号经低放后分成两路，一路经"去加重"选择开关放大后作为测量仪的音频输出信号以供监听等用，另一路经峰值检波后用来驱动调制度指示电表（M_2）。

（三）频偏仪的使用与调整

频偏仪的使用与调整如下。

1. 准确调谐接收频率

把电平/调谐指示选择开关 S_2 放置在"调谐"位置。调谐接收机，使欲收频率信号在电表上指示为最大。

2. 调整输入信号电平

置 S_1 于"测量"，置 S_2 于"电平"，调整频偏仪上中放增益使电表 M_1 指示在额定"电平"值上。

3. 校准调制度读数

置 S_1 于"校准"位置，利用频偏仪校准器产生的标准调频波信号，调节低放增益使电表 M_2 指示在"校正"刻度上。

4. 测量调频波调制度

经上述调整后，置 S_1 于"测量"位置，所测调制度即可从 M_2 上读出。

四、立体声调频波调制度测量

（一）立体声调频波与调制度

立体声调频广播的调制信号为复合信号，可用下式表示：

$$u_s = (L+R) + (L-R) \sin\omega_s t + P\sin\frac{\omega_s}{2}t \qquad (2-17)$$

式中，L、R 分别为左、右信号；$(L+R)$ 与 $(L-R)$ 分别为和与差信号；$(L+R)$ 为主信道信号，$(L-R)\sin\omega_s t$ 为副信道信号；ω_s 为副载波角频率，$\frac{\omega_s}{2}$ 为导频信号角频率；P 为导频信号振幅。

按立体声调频广播的国家标准规定；复合调制信号对主载波调频的最大频偏为±75kHz。只向左（向右）信号输入端输入额定幅度音频信号时，由主（或副）信道信号所产生的主载波频偏均为最大频偏（75kHz）的45%；由导频信号所产生的主载波频偏为最大频偏的10%。

（二）立体声调频波调制度测量仪

该测量仪由接收机、鉴频电路、标准解码器与有关测量电路组成。测量仪经校准后可测量总调制度，左、右信道调制度，主、副信号调制度，导频信号调制度，左、右信道分离度等。

测量仪中接收机为二次变频式接收机，第二中频为 900kHz，测量仪采用脉冲数字式鉴频电路，鉴频输出经 200kHz 低通滤波器后取出立体声复合信号，此复合信号分三路输出。

一路经放大与二极管检波后送至电表 M_1，用作主载波调制度（总频偏）指示，通过开关 S_1 选择，M_1 同时用作输入信号电平指示。

一路经放大后，分别送至 19kHz、38kHz、23kHz~53kHz 带通滤波器与 15kHz 低通滤波器，通过上述各滤波器，可分别得到 19kHz 导频信号、38kHz 副载波信号、$(L-R)\sin\omega_s t$ 副信道信号与 $(L+R)$ 主信道信号。通过开关 S_2 的选择与可变衰减器的接入，电表 M_2 可分别指示上述各信号的调制度（或电平）。

一路经放大后，输入至开关式立体声解码电路。立体声解码器输出的左、右两个信号分别经 15kHz 低通滤波器与去加重电路后，即为所需的左、右信号电压。

左信号的调制度（或电平）通过开关 S_2 的选择由电表 M_2 表示，右信号的调制度（或电平）由表 M_3 指示。

第四节　测　向

测向是测量出无线电波辐射源的方位。广播监测上的测向主要用于测定干扰发射机或其他各种干扰源的位置。测向的结果用方位角（或简称方位）表示，方位角范围为 0~360°，从正北开始按顺时针方向计算。测向地点测出的方位以该测量地点与地球北极之间的连线作为参考线。

在一个地点上测向，通常只能测量出电波辐射源的方位，如需要测量出电波辐射源的位置，需在两个或两个以上地点同时进行测量，通过对两地测量结果进行计算，可确定所测辐射源位置。图 2-2 为两地测向确定辐射源位置。设 A、B 两地所测方位角分别为 θ_1、θ_2，把两方位线画在一张合适的地图上，其交点位置 P，即为所测辐射源的位置。如两个测向台位置与辐射源位置在一条直线上，则这两个测向台的测量结果将找不出一个交点。因此，在测量辐射源位置时应适当选择测量地点的位置。

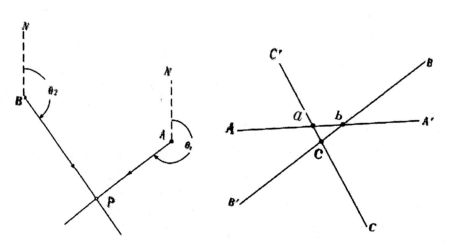

图 2-2　两地测向确定辐射源位置　　　图 2-3　三地测向方位线交点

图 2-3 为三地测向方位线交点。在 A、B、C 三地测量的三条方位线 AA′、BB′、CC′，常会有三个交点 a、b、c，这是因为各地的测向结果多少会有些误差。a、b、c 所围的面积越小，测量准确性越高。

一、测向基本原理

测向基本原理基于假设电波的辐射源至测量点传播，沿着直线或沿着大圆弧进行，且电波的波前平面一直平行于电波传播方向。

波前平面是一个假想的平面，在同一波前平面上的各点，电波的相位均相同。测向方法主要有两种，即定向天线法与相位调制法。

（一）定向天线法

定向天线法利用定向天线具有接收某个方向电波特别强（或特别弱）的特性。从原则上讲各种定向天线都可用作测向，但从实用上考虑则多采用专用的测向天线。按照利用测向天线接收信号最弱或最强特性的不同，定向天线法可分为最弱方向法与最强方向法两种。利用最弱方向法来定向的称为最低灵敏度测向，环形天线与 Adcock（爱迪柯克）天线适用于此，因这类天线的方向性在最弱方向上比在最强方向上更为尖锐。利用最强方向法来定向的称为最高灵敏度测向，八木天线与对数周期天线适用于此。

（二）相位调制法

相位调制法利用多普勒效应来进行测向。在辐射场中，当测向天线围绕某中心点做圆周运动时，因天线与电波传播之间存在相对运动，接收机接收到的信号频率相位随转动天线所处位置的不同而发生变化，检测出接收信号频率的这种附加相位变化就可以用来测量电波方向。利用多普勒效应进行测向具有许多优点，近年来其得到较为广泛的应用。

二、测向仪的组成与要点

测向仪主要由测向天线、接收机、方位处理器与方位指示器等部分组成。

(一) 测向天线

测向天线（包括地网与连接电缆等）是测向系统的关键部分。转动式天线有环形天线、八木天线与对数周期天线等；固定式天线有环形天线、Adcock 天线与多普勒天线等。环形天线主要用于长、中波段，亦可用于短波段；Adcock 天线与多普勒天线可用于各个波段；八木天线与对数周期天线用于米波与分米波段。

(二) 方位处理方式

转动式测向天线所测的方位可从天线转轴上的方位刻度盘读出。使用固定式天线测量，需把带有方位信息的测向天线信号，用方位处理器进行相应处理，以得到所需的测向方位信息。方位处理方式主要有测角器方式、电子开关方式、双信道方式与相位比较方式等。环形天线与Adcock 天线测向仪的方位处理方式基本相同。

(三) 接收信道数

测向仪按照对测向天线信号接收信道数的不同，可分为单信道接收仪与双信道接收仪两种。单信道接收仪只用一架接收机接收，双信道接收仪用两架性能相同的接收机同时接收。大多数测向仪为单信道接收仪，

Adcock测向仪可用双信道接收，双信道接收仪可用示波器来显示方位角。

（四）操作与显示方式

操作方式可分为手动、遥控与自动。手动操作多以听觉与电表指示为依据。手动式听觉测向仪对于识别电台最为方便。自动操作多用示波器或数字显示。自动测向是指在一个测向网内由主台与从台来共同完成测向，测量时在计算机控制下由主台通过专用通信网络向从台送出测量指令，从台则把测量结果送回主台。在主台内把主台与从台所测方位线显示在同一显示屏上，各方位线交点即为所测辐射源位置。

三、测向误差与测向结果准确度评估

影响测向准确度的因素，除信号强弱、干扰情况与设备系统误差外，还有电波传播条件、测向场地环境以及操作误差等。

（一）测向误差

1. 电波传播条件可能引起的误差

对于远距离的中、短波测向，电波传播的不规则性所引起的测量误差，可以说是测向的主要误差。电离层的不均匀性会使电离层反射的电波偏离辐射源与测向天线之间的大圆弧方向，这在测向上表现为所测方位角围绕大圆弧方向左右摆动。为克服电离层的不稳定所引起的测量误差，应进行重复多次测量，并对测量结果取统计值。极化误差是由电离层的不规则性引起的，主要影响中、短波测向。中、短波测向利用电波

的垂直极化分量，如在测向天线系统的馈线中感应到水平极化分量，则所测电波方向模糊。为克服极化误差，主要从测向天线系统上改进，如采用 Adcock 天线或多普勒测向天线，并对测向天线的馈线进行妥善屏蔽。但是，如电波信号中的垂直极化分量较小，而水平极化分量较大，在测向上常表现为欲收信号无明显方位角。

电波传播对米波、分米波测向的影响，主要是由多径传播引起的。如辐射源与测向地点都是固定的，则测量误差与电波的传播途径条件有关。在传播途径上，如电波受遮挡或反射较为严重，则测量误差较大。如测向在监测车行驶途中进行或被辐射源是移动的，因被辐射源与测向天线之间的传播条件不断变化，测量误差将会更大一些。

2. 测向场地环境可能引起的误差

理想的测向场地环境，地形应该是平坦、开阔的，地面的电导系数较大且较均匀，场地周围无建筑物、障碍物或其他反射体。如测向场地环境条件不符合技术要求，将使测量电波的波前平面产生畸变。短波测向通常用于测定远距离发射台位置，因而对短波测向场地环境的要求应该是高标准的。

天线周围场地不均匀（如存在沟渠、河道等）、土壤导电率不均匀以及场地周围障碍物等引起的测向误差，从它们中的个别影响来看似乎是比较小的，然而综合起来可能是明显的。要详细了解天线周围场地所引起的测量误差，需对台址已知的发射台进行多次重复、长期测量，然后用统计方法分别求出各种环境因素的误差分布情况。

米波、分米波测向场地环境的技术要求比短波低一些，因为这些波段的电波传播距离较近。米波、分米波段的固定测向天线，通常架设在铁塔上或高层建筑楼顶上，这样，可使测向天线受附近建筑物或障碍物的影响小一些，测向天线的高架，同时增加了测量距离。

(二) 测向结果准确度评估

每次应对所测方位的准确度进行评估，评估时应考虑以下因素：电波传播条件、接收信号强弱、干扰情况、测向场地环境、设备系统误差、测量时间长短与值班操作人员的操作熟练程度。

在以上诸因素中，测向场地环境与设备系统误差相对来说是比较固定的。测量时间长短可按照电波传播条件、接收信号强弱或干扰情况等适当掌握。值班操作人员的操作熟练程度应该是合格的。这样，影响测向结果准确度的主要因素是电波传播条件、接收信号强弱、干扰情况。

第五节　带宽测量

监测台测量带宽的方法采用国际无线电咨询委员会第 443 号建议书提出的 X-dB 带宽方法。X-dB 带宽是指从频谱分析仪上观测到的这样一个带宽，在这个带宽以外的各离散频谱分量的电平比发射的峰值电平至少衰减 X-dB。对于广播电视发射信号来说，X 为 26。

一、频谱分析仪基本原理

监测台用频谱分析仪测量带宽。频谱分析仪是按照外差原理工作的，在外差式接收机中，虽然中频滤波器频率是固定的，但通过改变本机振荡器频率就可接收到某一特定频率的信号。频谱分析仪就是借用外差式接收机外差原理来实现对信号频谱进行分析的。

频谱仪可看作由外差式扫调接收机（或称扫频接收机）与示波器（显示器）两部分组成。扫频接收机用于接收与分析频谱，示波器用于显示频谱分布形状。

频率为 f_S 的输入信号，在混频器中与频率为 f_L 的本振信号进行混频，只有当差频信号频率落入中频放大器通带内，即 $f_L - f_S \approx f_{IF}$ 时，中频放大器才有输出，且这个输出信号大小正比于输入信号幅度。因此如用锯齿波扫描电压改变本振频率，那么输入信号中的各频谱分量将依次落入中频放大器通带内。中频放大器输出信号经检波、放大后加至显示器的垂直偏转极上，锯齿波扫描电压经放大后加至显示器的水平偏转极上，这样在显示器上看到的即为输入信号的频谱分布形状。显示器上的水平轴为频率轴，垂直轴为信号幅度轴。

频谱仪具有工作频率范围宽、频率分辨力高、动态范围大等优点，但频谱仪分析频谱是按顺序进行的，其不能获得实时频谱。

二、带宽测量方法

监测台测量发射带宽，欲收信号场强应足够大且无干扰。测量带宽基准信号电平的选定：测量调幅波信号以载波作为基准信号电平，测量单边带信号以单边带信号中的峰值边带信号作为基准信号电平，测量调频波信号以无调制时的载波电平作为基准信号电平。

　　测量操作：①信号幅度显示选用对数方式；②调节输入信号大小，使基准信号电平位于显示器最高刻度线（0dB）处；③调节扫描宽度使其大于被测信号带宽；④选用合适的分析滤波器带宽与扫描时间。测量调幅广播信号举例：分析滤波器带宽300Hz，扫描时间1s。

　　确定-26dB带宽的方法是在显示器频谱的两侧分别找出幅度为-26dB的两个边带分量。用频率标志器测量出这两个边频分量的频率，由此即可计算出带宽。

　　考虑到用节目信号调制的已调波带宽是随机的，频谱仪分析信号是按顺序进行的，因此要测量出最大带宽，测量时间就应适当长一些，并应选择在有代表性的节目时间内测量。

第六节　　无线电频谱占用自动监测

　　无线电频谱占用自动监测（简称频谱占用记录）是指对某一频段内无线电频谱占用情况进行自动记录。频谱占用记录可反映记录频段内各工作电台的载波频率、占用带宽、发射种类、信号强度与工作时间等情况。通过对频谱占用记录资料进行分析，可了解记录频段内的频谱实际占用状况，从而有可能使无线电频谱得到充分利用。

　　无线电频谱占用自动监测的测量仪器主要是频谱占用记录仪。频谱占用记录仪由扫调接收机、记录器与控制电路三部分组成。

一、扫调接收机

频谱占用记录仪上的扫调接收机与频谱分析仪上的接收机类似。该接收机由（A）（B）两部分组成。接收机（A）的本振频率由频率合成器提供，它受控制器输出的数字量锯齿波电压控制。接收机（B）检波器前面，接有分析滤波器。频谱占用记录仪的频率分辨力主要取决于分析滤波器的通频带宽度。检波器的输出信号通过"输出电路"输送至记录器部分。检波输出的门限电平可以调节，当检波器输出电压超过门限电平时，"输出电路"就有直流电压输出。接收机（B）中还包含一部分控制电路。

二、记录器

记录器包含记录控制器与记录仪两部分。记录仪的水平轴为频率轴，垂直轴为时间轴。记录仪仅当扫调接收机接收到信号时进行记录，采用电灼方式记录。

（一）记录仪

记录仪装有两只电机，一只为记录电机，另一只为纸带电机。记录仪上的记录电机受接收机（B）中的"扫描控制器"输出的锯齿波扫描电压控制。记录电机通过皮带传动机带动记录针。在锯齿波扫描电压正程扫描期间，记录针沿水平轴（频率轴）方向从始端由左向右等速缓慢地移动。在锯齿波扫描电压逆程回扫期间，记录针快速地由右端返回到左端（始端）。纸带电机只在逆程回扫期间动作，即在这一期间送出一小段记录线。

（二）电灼记录方式

在这种记录方式中，记录笔（记录针）采用铁针，记录纸采用导电的铝化纸。当接收机（B）"输出电路"有直流电压输出时，记录针上就加有电压，这时铁针与记录纸的接触处产生电灼现象，在记录纸上留下一小黑点。采用电灼记录方式的优点是记录痕迹比较精细清晰。在一次水平扫描记录过程中，可记录的点数多至 1000 个。每个记录点的尺寸小至 0.2 毫米。

三、控制电路

控制电路由控制器（包括中央处理单元、主存储器、辅存储器与操作键盘）与接收机（B）中的定时器、扫描控制器、频率标志发生器与输入/输出控制器等电路组成。控制电路的作用是控制、协调扫调接收机与记录器工作。

扫调接收机的扫描调谐与记录仪记录针的扫描移动都是在控制器送出的数字量锯齿波扫描电压控制下进行的，记录仪水平轴上各点对应扫调接收机接收的各个信号频率。接收机（B）中的频率标志发生器用于产生频率标志与时间标志。频率标志为垂直短线，打印在记录纸的水平轴上，时间标志线为一条水平线。

第三章　中短波广播接收原理

第一节　中短波广播概述

一般中波广播采用调幅的方式，国际短波广播所使用的调制方式也是调幅，甚至比调频广播更高频率的飞航通信也是采用调幅的方式。本章主要介绍的就是中短波（调幅）广播中的接收部分。

一、中短波广播的频率范围

由于世界各地无线电通信业务发展不平衡，为了便于分配频率，国际电信联盟把世界分成三个区：第一区主要为欧洲和非洲地区，第二区主要为美洲地区，而第三区主要为亚洲和大洋洲地区，我国属于第三区。

按照国际无线电规则规定，第一区和第三区的国家与地区，其中波广播频率范围为 526.5kHz ~ 1606.5kHz，频道间隔为 9kHz，除了526.5kHz ~ 535kHz 与航空天线导航业务共用外，其他频段都是广播业务专用的。而短波广播频率范围为 2.3MHz ~ 26MHz，在该频段内有 15 个分

频段，其中频率较低的 3MHz、5MHz 等频段为热带地区频段，6MHz、

7MHz、 9MHz、 11MHz、 13MHz、 15MHz、 17MHz、 18MHz、 21MHz、

26MHz 等频段为世界性频段。

二、中短波电波传播

（一）几种主要的无线电波传播方式

（1）地波传播。

（2）天波传播。

（3）视距传播。

（二）中波广播传播特点

中波广播有的沿地面传播，有的靠电离层反射传播。中波通常在 E

层①反射。在白天，由于 D 层②吸收大，大部分中波不能用天波传播，而

依靠地面传播。而在夜晚，吸收较小，所以夜间中波既可以利用地波又

可以利用天波传播。因此，中波波段的广播电台信号晚上比白天多。

根据广播波段的传播特性，通常可按距离远近，将电波收听质量分

为三个服务区。下面简要介绍这三个服务区。

1. 主要服务区（良好接收区）

中波广播主要服务区即地波服务区，主要是离发射台较近地区。此

区域接收的电波以地波为主，即使在夜间，地波场强也远大于天波场强，

---

① 电离层 E 层，位于 D 层之上，高度约 90~140 千米的电离层区域。
② 电离层 D 层，是电离层中电离度较低的一层，离地面约 50~90 千米。

故白天和夜间，此区域内的场强都很强，所以接收点场强稳定，没有明显的衰落，不受太阳的影响，称为良好接收区，是广播电台的主要服务区。此服务区的半径取决于发射机功率、发射天线的方向性以及地面的导电性质。

2. 次要服务区

此区域地波已经消失，只有在晚上才能收到较强的天波信号，称为广播电台的次要服务区，也称为天波服务区。中波天波靠 E 层反射传播，白天的时候，E 层下面有 D 层存在，而 D 层的电子浓度较低，不足以反射中波。D 层对中波有较强吸收，因而白天中波天波被 D 层吸收了。只有到了夜间，D 层电子浓度变得很低时，中波天波信号才能通过 E 层反射传播，因而中波天波只有夜间才有。

中波天波可以传到较远距离，从二三百千米到上千千米。天波信号在日出和日落前很不稳定，到了夜间才稍微稳定一些。天波信号的强弱取决于有效发射功率与电离层特性。中波广播如要在远距离外建立天波服务区，需要有较大的有效发射功率。中波的天波信号常会对远距离同频台造成干扰。

3. 衰落区

在中功率或大功率中波发射台稍远地区，距离进一步增大则地波场强逐渐减弱。如果辐射功率大于几十千瓦，则在 150~300 千米的距离范围内，地波仍有一定强度。在白天因为没有天波，较弱的地波仍然比较稳定，只要接收机灵敏度足够高，仍能满意地收听。到了夜间，出现了电离层反射的天波，由于电离层的电子密度随机变化，天波传播的射线行程也随之变化，天波和地波的干涉作用使得合成场强形成干涉性衰落，此区域称为衰落区。防止衰落的积极措施是发射天线采用抗衰落天线，即设法使天线沿低仰角方向集中辐射，尽量减小天波辐射。

（三）短波广播传播特点

虽然说中波广播既有天波传播也有地波传播，但在实际应用中，中波广播主要还是依靠地波传播，而短波传播主要依靠天波传播。因此，在介绍短波广播传播特点时，主要介绍短波天波传播特点。

1. 短波天波传播能以较小的功率进行远距离传播

天波传播是靠高空电离层反射来实现的，几乎不受地面吸收及障碍物的影响，损耗主要是自由空间的传输损耗。电离层吸收及地面损耗较小，在中等距离（1000千米左右）上，电离层的平均损耗不过10dB左右。因此，利用小功率电台可以完成远距离通信。例如，发射功率为150W的电台，用64米双极天线，通信距离可达1000多千米。

2. 短波天波传播在白天和夜间要更换工作频率

由于电离层的电子密度、高度在白天和夜间是不同的，工作频率也不同，白天工作频率高，夜间工作频率低。在日出日落前后要更换工作频率，而不像地波传播那样昼夜都可以使用同一频率。

3. 短波天波传播不太稳定，衰落严重

由于电离层的情况随年份、季节、昼夜和地理位置的不同而变化，

天波传播不如地波传播稳定，且衰落严重。

衰落现象是指接收点信号振幅忽大忽小，出现信号无次序、不规则的变化现象。衰落分为干扰性衰落、选择性衰落和极化衰落。抗衰落的措施主要是在接收机内装设自动增益控制电路与采用分集接收。

4. 随机多径效应严重

多径时延是指多径传输中最大的传输时延与最小的传输时延之差，以 τ 表示，其大小与通信距离、工作频率、时间等有关。天波传播由于随机多径效应严重，多径时延 τ 较大，多径传输媒质的相关带宽 $\Delta f = 1/\tau$ 较小，不仅引起信号幅度的快衰落，而且使信号失真或使信道的传输带宽受到限制。

5. 电台拥挤、干扰较大

由于电离层反射电波的频率范围是很有限的，一般是短波以下（只有在太阳活动最大年份才达到 50MHz 左右），波段范围比较窄，短波波段内的电台特别拥挤，电台间的干扰很大。尤其是在夜间，由于电离层吸收减弱，干扰更大。

近年来，人们进一步认识到电离层媒质抗毁性好，对电波能量的吸收作用小，特别是短波广播通信电路建立迅速、机动灵活、设备简单及价格低廉等特点突出，加强了对短波电离层信道的研究，并不断改进短波广播的通信技术。

三、调幅广播

调幅是通过调制信号对射频载波信号的瞬时幅度控制来实现的一种

调制方式。长波、中波和短波广播都采用调幅方式，统称为调幅广播，其工作频段为 150kHz~30MHz，因此也称 30MHz 以下的广播方式。传统的模拟调幅广播具有覆盖范围广、接收成本低、适合固定和移动接收等优点，一直被世界各国作为基本的、大范围覆盖的信息传播技术手段之一。据统计，现在全世界范围内有数千座长、中、短波广播发射台，20亿部调幅收音机，6亿部短波收音机。

调幅广播有多种，其中全载波双边带调幅广播是现阶段中、短波广播的主要方式，长期应用于中、短波声音广播。在全载波双边带调幅广播中，当没有调制信号时，射频高频信号为等幅振荡波，即载波。

载波 $u_c(t)$ 的表达式和单音频调制信号 $u_\Omega(t)$ 的表达式分别为：

$$u_c(t) = U_{cm}\cos\omega_c t, \quad u_\Omega(t) = U_{\Omega m}\cos\Omega t \qquad (3-1)$$

式中，U_{cm} 为载波振幅；$\omega_c = 2\pi f$ 为载波角频率，f 指载波频率；$U_{\Omega m}$ 是音频信号的振幅；Ω 是音频信号的角频率。

根据调幅的定义，当载波的振幅值随调制信号的大小线性变化时，即为调幅信号，已调幅波振幅变化的包络形状与调制信号的变化规律相同，而其包络内的高频振荡频率仍与载波频率相同，表明已调幅波实际上是一个高频信号。可见，调幅过程只是改变载波的振幅，使载波振幅与调制信号呈线性关系，即 U_{cm} 变为 $U_{cm} + k_a U_{\Omega m}\cos\Omega t$，据此，可以写出已调幅波表达式：

$$u_{AM}(t) = (U_{cm} + k_a U_{\Omega m}\cos\Omega t)\cos\omega_c t$$

$$= U_{cm}\left(1 + \frac{k_a U_{\Omega m}}{U_{cm}}\right)\cos\omega_c t$$

$$= U_{cm} \left(1 + \frac{\Delta U_c}{U_{cm}} \cos\Omega t \right) \cos\omega_c t$$

$$= U_{cm} \left(1 + M_a \cos\Omega t \right) \cos\omega_c t \qquad (3-2)$$

$$M_a = \frac{\Delta U_c}{U_{cm}} = \frac{k_a U_{\Omega m}}{U_{cm}} = \frac{U_{max} - U_{min}}{2U_{cm}} = \frac{U_{max} - U_{min}}{U_{max} + U_{min}} \qquad (3-3)$$

式中，M_a 为调幅系数，U_{max} 表示调幅波包络的最大值，U_{min} 表示调幅波包络的最小值。M_a 表明载波振幅受调制控制的程度，一般要求 $0 \le M_a \le 1$，以便调幅波的包络能正确地表现出调制信号的变化。$M_a > 1$ 的情况称为过调制。为了分析调幅信号所包含的频率成分，可将已调波的式子按三角函数公式展开，得：

$$u_{AM} \left(t \right) = U_{cm} \left(1 + M_a \cos\Omega t \right) \cos\omega_c t$$

$$= U_{cm} \cos\omega_c t + U_{cm} M_a \cos\Omega t \cos\omega_c t$$

$$= U_{cm} \cos\omega_c t + \frac{1}{2} M_a U_{cm} \cos \left(\omega_c + \Omega \right) t + \frac{1}{2} M_a U_{cm} \cos \left(\omega_c - \Omega \right) t$$

$$(3-4)$$

可见，已调波包含三个频率成分：ω_c、$\omega_c + \Omega$ 和 $\omega_c - \Omega$。$\omega_c + \Omega$ 称为上边频，$\omega_c - \Omega$ 称为下边频。

由调幅波的频谱可得，调幅波的频带宽度为调制频率的两倍。若调制信号为复杂的多频信号，这时调幅波的频谱中除载频外还有下边带和上边带。例如，语音信号的频率范围为 300Hz ~ 3400Hz，则语音信号的调幅波频带宽度为 2×3400Hz = 6800Hz。观察调幅波的频谱发现，无论是单音频调制信号还是复杂的调制信号，其调制过程均为频谱的线性搬移过程，即将调制信号的频谱不失真地搬移到载频的两旁。因此，调幅电路则属于频谱的线性搬移电路。

四、无线电接收设备

无线电发射出去的信号需要用一种设备接收下来，接收无线电信号的设备称为无线电接收设备。无线电接收设备必须具有三个部分：天线、接收机与终端设备。天线的作用是从外界电磁场中获取高频能量，将它变成高频电流或电压并输送到接收机的输入端；接收机的作用是把接收到的高频信号进行放大变成低频的电流或电压并用它来推动；终端设备对低频的信号电流或电压加以利用，它可以是耳机、扬声器、录音机或者其他器件。天线中感应的电动势除去有用信号外，还包含许多干扰成分。在某些情况下（如干扰频率接近接收机调谐频率），这些干扰成分就会和信号一起进入接收机而形成干扰。此外，即使在没有外部干扰的情况下，接收机里仍然会产生有害的噪声电流，这种噪声称为接收机内部噪声，也会形成干扰。

接收机在接收无线电信号时必须完成三个任务。第一，从各种信号与干扰中选出需要的信号，靠谐振系统来完成。第二，把已调制高频信号变成低频信号，其性质与波形和发射机中调制信号的性质与波形完全一样。例如，在接收调幅信号时，它与已调高频信号的包络形状完全一样，完成这个任务的部分称为检波器。第三，放大外来信号的功率。天线上获得的信号功率通常很小，而终端设备正常工作时需要的功率却比较大，有时达几瓦，需要用多级放大器完成这个任务。

第二节　中短波接收天线

一、概述

天线是任何无线通信系统都离不开的重要前端器件。虽然不同设备的任务并不相同，但是天线在其中所起的作用基本上是一样的。天线的任务是将发射机输出的高频电流能量转换成电磁波发射出去，或将空间电波信号转换成高频电流能量通过馈线传输给接收机。接收天线工作的物理过程，是天线导体在空间电场的作用下产生感应电动势，并在导体表面激起感应电流，在天线的输入端产生电压，在接收机回路中产生电流。所以接收天线是一个把空间电磁波能量转换成高频电流能量的装置，其工作过程就是发射天线工作的逆过程。

本章所介绍的中短波接收天线一般用导电良好的金属导线作为天线振子。天线的分类多种多样，选用什么类型的天线应按照所接收电波的频段和信号强弱与距离远近来决定。例如，接收当地较强的中波信号，则选用简单的接收天线即可；而如果是接收远距离的微弱信号，则需要选用高增益、强定向的天线。

二、几个主要的接收天线参数

（一）有效接收面积

有效接收面积是衡量接收天线接收无线电波能力的重要指标。它的定义为：当天线以最大接收方向对准来波方向进行接收，并且天线的极化与来波极化相匹配时，接收天线送到匹配负载的平均功率 P_{Lmax} 与来波的功率密度 S_{av} 之比，记为 A_e。

$$A_e = \frac{P_{Lmax}}{S_{av}} \qquad (3-5)$$

由于 $P_{Lmax} = A_e S_{av}$，接收天线在最佳状态下所接收到的功率可以看成被截面积为 A_e 的天线所截获的垂直入射波功率密度的总和。

（二）增益系数

假设来自各个方向的电波场强相同，天线在某一方向（一般指最大接收方向）接收时，向负载输出的功率为 P，而无损耗的基准天线接收时，向负载输出的功率为 P_r。二者之比，称为该天线的增益系数 G，即：

$$G = \frac{P}{P_r} \text{或} \ G = 10\lg\frac{P}{P_r} \qquad (3-6)$$

一般情况下，中波天线以理想导电地面上的短垂直天线作为基准天线；而短波天线则以自由空间半波对称振子作为基准天线。

（三）行波系数与驻波比

当射频信号沿馈线向终端传输时，如果终端负载与馈线特性阻抗不相同即不匹配的话，负载就不能把射频信号全部吸收，有一部分会由终端经馈线返回始端。而如果二者是匹配的，那么传来的射频信号则全部被负载吸收而无反射波，此时的工作状态则称为"行波状态"。

如果终端不匹配，存在反射波，馈线上各点的电压或电流为入射波与反射波的矢量和，因而各不相同，并有规律地由大到小，再由小到大依次交替出现，且线上各电压或电流最大值点与最小值点的位置是固定的，相邻最大值与最小值之间相隔为 $A_e/4$ 波长，此时的工作状态则称为"驻波状态"。

行波系数 K 等于馈线上的电压最小值 U_{min}（或电流最小值 I_{min}）与电压最大值 U_{max}（或电流最大值 I_{max}）之比，即：

$$K = \frac{U_{min}}{U_{max}} = \frac{I_{min}}{I_{max}} \tag{3-7}$$

驻波比 S 为行波系数的倒数，即：

$$S = \frac{1}{K} \tag{3-8}$$

这两个参数都用来表示天线与馈线系统的匹配状态，行波系数过低或驻波比过高都将造成馈线损耗增大与传输功率减小。

（四）接收天线的有效高度

接收天线的有效高度 h 用来表征天线接收电波的能力，接收天线的有效高度与场强及其感应电动势之间的关系如下：

$$h = \frac{U_a}{E} \tag{3-9}$$

式中，E 为接收天线处的电波场强；U_a 为接收天线所感应的电动势。

三、几种常用的接收天线

（1）环形天线。

（2）菱形天线。

（3）双极天线。

（4）垂直接地天线。

（5）鞭状天线。

（6）对数周期天线。

四、接收天线的馈线

把电磁波以尽可能小的损耗从发射机传到天线或从天线传到接收机所用的连接线即为天线的馈线。对接收天线馈线的性能要求为：无天线效应，馈线的特性阻抗应与天线阻抗匹配，传输损耗小以及有足够的机械强度。馈线有架空明线与射频电缆两种。架空明线损耗小，但架设复杂，容易产生天线效应。而射频电缆屏蔽性能好、安装容易，但是损耗比较大。一般短波段的接收馈线广泛采用交叉四线式馈线（架空明线的一种），而中波天线多用 75Ω 同轴电缆作为馈线。平衡输出的短波天线也有用 200Ω 对称电缆作为馈线的。此外，短波天线的输入阻抗通常比馈线阻抗大。为使两者的阻抗匹配，须在天线输出端与馈线输入端之间接入一个阻抗变换器。常用的阻抗变换器为指数式阻抗变换器，但也有采用变压式阻抗变换器的。

为了防止在天线或馈线上的雷电经电缆进入接收机，通常在天线或馈线与电缆连接处安装避雷器。接收天线用的避雷器通常包括气体放电管与空气间隙避雷器。

第三节　中短波接收机

一、广播接收机概述

随着电子技术和电子器件的发展，无线电接收技术得到飞速发展，广播接收机的电路也由简单到复杂、由低级到高级，不断发展进步。从其发展过程看，有直接检波式接收机、再生接收机、超外差接收机等。目前直接检波式接收机和再生接收机已经很少使用，主要用超外差接收机。因此，下面就简要介绍一下第一种接收机，而详细介绍一下超外差接收机。

二、直接检波式接收机

直接检波式接收机的电路是最简单的，它具备了三个基本作用，即选择信号、变换信号与放大信号，所以它可以接收无线电信号。不过它的质量较低，它的回路数目很少（只有输入电路里包括谐振回路），选择信号的能力不强。

　　输入调谐电路用来选择所要接收的信号，将调谐回路的谐振频率调整到与待接收的信号频率相等，则只有该频率的信号才在输入回路中形成较大的电压，然后进行检波和低放。检波器把高频信号变成低频信号，经低频放大器放大，就可得到需要的输出功率来推动终端设备。其特点是没有高频放大环节，它是一种最简单的无线电接收电路。这种电路适用于输入信号较强的情况，如接收本市无线电调幅广播时，就可以采用这种接收方案。

三、超外差接收机

　　超外差接收机虽然价格相对较高，但温度适应性强、接收灵敏度更高，而且工作稳定可靠、抗干扰能力强、产品的一致性好、接收机本振辐射低、无二次辐射、性能指标好、容易通过 FCC[①] 或者 CE[②] 等认证标准的检测、符合工业使用规范。所以，目前工厂生产的从简单的普及型收音机到复杂的高级专用接收机几乎都是采用超外差方式。

　　超外差原理最早是由美国人 E. H. 阿姆斯特朗于 1918 年提出的，它是为了适应远程通信对高频率、弱信号接收的需要而提出的。

　　由接收天线收到的无线电信号经输入电路、高频调谐放大器，被调谐选择和放大。本地振荡器产生与已选电台频率相差一个固定频率的振

[①]　Federal Communications Commission，美国联邦通信委员会。
[②]　European Conformity，欧洲共同体，因欧洲共同体在法文、意大利文、葡萄牙文、西班牙文等语言中的缩写为 CE，故由 EC 改为 CE。

荡信号，经过中频放大器放大后由解调器（检波器）解调，恢复出声音信号，再经低频放大后，由扬声器发出声音。

调幅接收机的中频频率我国规定为 465kHz，美国、日本等规定为 455kHz。例如，在我国要想接收频率为 639kHz 电台的播音，高频调谐器对 639kHz 调谐并选出 639kHz 已调波信号，同时本机振荡器将产生一个比 639kHz 高 465kHz 的 1104kHz 等幅振荡信号，639kHz 和 1104kHz 两个高频信号送到混频器进行混频，混频器输出这两个信号的差额，即 465kHz 的中频信号，中频信号经过中频放大器放大后，再经检波器检波，得到声音信号，然后经过低频放大器放大为具有一定的功率的声音信号，推动扬声器发出适当强的广播声音。在这个过程中，由天线接收的输入信号，经放大和过滤送入混频器。在混频器中与本振信号混频得到一个输出信号，其频率可表示为：

$$f_i = f_L + f_s \qquad (3-10)$$

式中，f_i 为输出的中频频率；f_s 为接收信号频率；f_L 为本振频率。

理论上，混频器输出可以得到两个频率，即 f_s 和 f_L 的和与差。实际上，只用一个频率，由滤波器来选择所需的频率并抑制另一个频率，根据接收机工作频率范围，以及要获得的接收机性能，可设计上变频和下变频两种基本体制。通常把中频频率大于信号频率的称为上变频，小于信号频率的称为下变频。由天线（馈线）输入的射频信号 f_s 经输入电路与高放电路（普及型接收机无高放）加至混频器输入端。本机振荡器产生的本振信号加至混频器的另一个输入端。混频器在非线性状态工作，

它的输出中包含 f_s、f_L 的各自谐波及它们的和差频率（$f_L \pm f_s$）等。通常把本振频率 f_L 设计为高于 f_s。混频级输出接有中频调谐放大器，中频频率 f_{IF} 为（$f_L - f_s$），混频器起变频作用，它把输入的高频信号频率变换为频率较低且固定的中频 f_{IF} 信号。在变频过程中，已调波的波形不变，即中频信号亦为调幅波信号。

超外差接收机主要的优点是选择性好与灵敏度高。超外差接收机的抗邻频道干扰的选择性主要由中放谐振回路提供，因中频频率较低且是固定的，中放谐振回路的通频带特性就可做得较为符合性能要求。灵敏度高主要体现在，超外差接收机的增益主要由中放提供，因中频频率较低且是固定的，中放增益可以做得较高。此外，超外差调幅广播接收机增加自动增益控制电路，使电路能用于接收各种不同强度的信号。

超外差接收机虽然优点很多，但存在一些不足之处。超外差接收机增加了混频电路、本振电路与中放电路，带来一些特有干扰问题，如镜频干扰、中频干扰与其他组合频率干扰等。所谓镜频 f_i 是指以本振频率作为参考频率，与欲收频率 f_s 相对称的一个镜像频率。在超外差接收机中，本振频率设计为比欲收频率高一个中频，镜频则比本振频率高一个中频，亦即镜频比欲收频率高出二个中频。镜频与欲收频率之间的关系为：设某干扰频率与镜频相同，如能进入混频级，则它与本振频率混频后的差频 $f_i - f_L$ 与中频 f_{IF} 相同，从而与欲收信号频率的中频产生干扰，称这种干扰为镜频干扰。

四、超外差二次变频接收机

前文所介绍的超外差接收机变频次数为一次，称为一次变频接收机。一次变频接收机把中频频率选用得较低，这对提高抗邻频干扰能力有利，但中频用得较低，在接收较高频率信号时，对抗镜频干扰的能力则较差。为提高抗镜频干扰能力，除在高频电路上提高调谐电路的选择性外，还有一个途径则是提高接收机的中频频率。

从提高中频考虑，提出一种超外差二次变频接收机，在超外差二次变频接收机中，中频有两个：第一中频的频率一般选用得较高，称为高中频，即它的频率比短波段最高频率还要高，常选用 40MHz ~ 70MHz 的某一频率；第二中频为低中频，如 465kHz。设第一中频为 70MHz，这样当接收 15MHz 频率时，镜频为 155MHz。因为，此时本振频率为 15+70 = 85（MHz），镜频则为 85+70 = 155（MHz）。对这样高的镜频干扰，只需在输入电路中接入一个截止频率为 40MHz 的低通滤波器就可以把它滤除。

在采用二次变频方式的接收中，变频次数增多，由此产生的组合频率干扰亦随之增加。为减少组合频率干扰，要求在第一混频输出端接入一个窄带滤波器，以滤去无用的干扰信号。为提高抗干扰性能与得到合适的通频带，某些专业接收机会采用三次变频的方式。

第四节　调幅广播接收机的主要技术指标

一、频率范围

频率范围是指接收机能工作并满足所有指标要求的频率范围。我国调幅广播的频率范围为中波 526.6kHz ~ 1606.5kHz；短波 2.3MHz ~ 26.1MHz，并可在此范围内分成若干个波段，如短波Ⅰ、短波Ⅱ等。

二、中频频率和中频选择性

中频频率是超外差接收机的一项特有指标，我国规定调幅接收机中频频率为 465kHz，并允许最多有 ±5kHz 的偏差，偏差超标会引起灵敏度下降、选择性变差和自激等现象。锁相频率合成数字调谐式收音机的中频频率推荐为 450kHz。

中频选择性是衡量接收机抑制带外信号的能力的一项技术指标，取决于接收机中频滤波器，是接收机对中频 3dB 带宽以外信号的抑制能力的体现，对相邻信道信号的抑制称为邻道抑制。

三、灵敏度与信噪比

灵敏度表征接收机接收微弱信号的能力，是在满足输出功率要求、信号噪声比（简称信噪比）一定时，接收天线上所需要的最小感应电动势。需要感应的电动势越小，接收微弱信号的能力越强，灵敏度也越高。因此，要灵敏度高，接收机应有足够放大量，在输出功率一定时，放大量越大，天线上需要的感应电动势越小，灵敏度就越高。放大量增加时，接收机内部噪声也被放大，在外来信号很弱的情况下，噪声可能把信号埋没掉，使接收机不能正常工作。为保证接收机正常工作，其输出的信号电压必须比噪声电压大一定倍数，称为信号噪声比。无限提高接收机放大量并不能无限提高接收机灵敏度，灵敏度的极限受内部噪声的限制，或者说接收机最高灵敏度是由接收机内部噪声决定的。

接收机都是在一个波段范围内工作的，调谐在不同频率上，灵敏度也不相同。灵敏度是保证接收机工作的最小输入电平，以输出特定信噪比或特定数据误码率为判据。在规定的信号调制方式和工作带宽条件下，接收机额定负载上产生额定输出功率，并满足额定信噪比时所需的信号电平。严格来说，信号电平应该是可用信号功率，单位为 dBm。但其经常以电压形式给出，通常单位为 μV、mV、$dB\mu V$、dBmV。用电压表示灵敏度带来以下两个问题。

（一）测量电压的位置不同，其结果不同

一种使用电动势，也就是信号源无负载（开路）的输出电压；另一种使用接收机输入端电压。在阻抗匹配条件下，用端电压表示的灵敏度比用电动势表示的灵敏度要高 6dB。

（二）信号源与接收机输入阻抗匹配问题

输入阻抗不同（75Ω、300Ω），灵敏度不同，在输入功率相同时，用75Ω输入阻抗的灵敏度比300Ω的灵敏度高了一倍。此外，采用50Ω输入阻抗，当电压驻波比为2:1时，影响输入功率达±3dB。因此，直接测量信噪比不方便，大多数情况使用的是信号加噪声与噪声之比：

$$(S+N)\ /N \tag{3-11}$$

注意，这个值较小时，它们之间有很大区别。

有时也采用"信号+信号失真分量+噪声"与"信号失真分量+噪声"之比作为测量灵敏度的条件，即计算实用灵敏度接收机输出信噪比可按下式计算：

$$输出信噪比 = \frac{信号+信号失真分量+噪声}{信号失真分量+噪声}$$

四、选择性

选择性是指从众多信号中选择出欲收信号，同时抑制邻近频道干扰与抑制镜频、中频等干扰的能力。也就是说，把在许多信号与干扰之中选择出有用信号的能力称为选择性。

选择性可分为单信号选择性与有效选择性。单信号选择性是指在无欲收信号时，接收机对邻近频道干扰信号的抑制能力，它所反映的是接收机的通频带特性。有效选择性反映了接收机在两个或两个以上信号同时存在时的实际抗干扰能力，有效选择性不仅反映了接收机的通频带特性，同时反映了高频放大、混频等电路动态性能。

在接收信号的过程中，调谐频率附近常常有许多干扰信号，这些干扰信号有强的也有弱的。若接收机能够把很强的干扰信号也抑制掉，那么它的选择性就高；如果较弱的干扰信号也在接收机中形成干扰，接收机的选择性就很低。选择信号的任务是利用谐振系统完成的，谐振特性越尖锐，选择性也就越好。选择性好坏可以用接收机谐振曲线来估计，该曲线称为选择性曲线。

用谐振曲线来表示选择性的好坏是不全面的，因为在干扰信号与有效信号同时进入接收机时，接收机里常产生某些复杂现象，这些现象与简单干扰电压加起来大不相同。

五、镜频抑制和中频抑制

镜频抑制是指接收机对镜像频率的抑制能力。对于超外差接收机，在正常接收的情况下，本机振荡频率总比接收的电台信号频率高出一个频率（调幅 465kHz），这样经差频就能得到一个 465kHz 的中频信号。但当外来中频信号比本机振荡频率高出同一个频率时，经差频同样能得一个 465kHz 的中频信号，当两个中频同时出现时，就会互相干扰，引起啸叫或混台现象，通常把这种干扰称为镜像干扰。

中频抑制是指接收机对直接混频进行变频级、中放级中频干扰信号抑制。变频级对中频干扰的抑制能力在中波低频端最差，所以衡量这一指标的好坏，通常是将广播接收机调谐在中波低频端（553kHz）进行测量。此外，有 n 分之一中频抑制，这是指接收机对频率为 n 分之一（$n=$ 2，3，…）中频干扰信号抑制。

镜频抑制和中频抑制能力的提高主要是通过提高输入回路的选择性

来实现的。

六、频率的准确性和稳定度

常用频率最大误差来描述在标准大气条件下，接收机按要求预热后，调谐频率指示值与输入信号频率值之差的最大值。频率偏差可降低解调效果，标准频率准确性在 $1 \times 10^{-5} \sim 1 \times 10^{-6}$，使用石英晶体可较容易达到这一目标。引起准确问题的因素除了固有的与标准频率的误差，还包括温度、高度、湿度等。

而频率的稳定度则表明接收机本振频率稳定性，引起其不稳定的因素包括温度、高度、湿度等。

本振频率会随时间变化，确定本振频率稳定性时，其有效的时间必须给出。例如，稳定性为±1ppm 每年，即在一年时间内，接收机的本振频率每 MHz 在±1Hz 范围内变化。

七、带宽

带宽分为射频带宽、中频带宽和整机带宽。射频滤波器性能决定射频带宽，接收机在它与第一中频滤波器的作用下，可以减少过载机会，也可以减轻本振相位噪声的影响。设置的中频带宽越宽，进入接收机的噪声越多，噪底越高，动态范围（最大端口输出功率和噪底之差）越小，迹线噪声也越大；而设置较窄的中频带宽可以改善噪底、动态范围和迹线噪声，但是扫描速度也会变慢。这是因为滤波器带宽越窄，实现它需要的阶数越高，采样点数越多，速度越慢。设置中频带宽总体原则是在保证测量所需的动态范围和迹线噪声的情况下，尽可能使用较宽的中频带宽。绝大多数情况下，1 kHz 的中频带宽是较好的折中。

整机带宽主要由末级中频滤波器决定，它可以对邻道信号进行有效抑制，同时可以保护接收机不过载，即减少相位噪声的影响。整机带宽测量可在人工增益控制下进行，通过输入恒定幅度的扫频信号实现。

通常在频率范围内对中频输出进行测量，并要求测量值与信号调谐于中心频率输出的电平差，这就是接收机的频率响应。带宽指标包括-3dB 与-60dB 带宽，-60dB 带宽与-3dB 带宽之比常称为滤波器的形状系数，也称为矩形系数。

-3dB 带宽是经常使用的，它近似于滤波器的等效噪声带宽。-60dB 带宽代表衰减无用信号的水平，用带通滤波器可以较容易实现。对于具有很高截点值和很低相位噪声的接收机来说，还应包括-70dB 和-80dB 带宽。

八、噪声系数

噪声系数是指接收机输出端总噪声功率与输入阻抗中电阻分量在输出端产生的噪声功率之比，有时用输入与输出信噪比来表示。输出信噪比是指小信号时接收机解调前的中频输出的信号功率加噪声功率与噪声之比。

噪声系数是对接收机许多性能的度量基础，由于接收机噪声系数从前端到终端逐级下降，所以最好的测量点是中频输出点。在载波和单边带工作时，可在信号输出端测量它。

九、失真度

所谓失真度，就是接收机输出端的电压或电流波形与输入端高频调幅波的包络形状不一致程度的一系列指标的总称，包括频率失真、非线性失真和相位失真。广播接收机产生失真的因素主要有以下三点。

第一，高放、中放各谐振回路的谐振特性曲线所引起的频率与相位失真，还有高放、中放在放大高频、中频信号时可能产生的非线性失真。

第二，检波电路对中频信号进行检波时所产生的频率失真和非线性失真。

第三，低频放大器产生的频率失真、非线性失真和相位失真。

(一) 频率失真

当输入的调幅波信号的调制频率不同时，如接收机有频率失真，则输出端的电压幅度将随调制频率不同而变。

(二) 非线性失真

非线性失真是由接收机内部的非线性电路产生的。在信号处理过程中，由于使用了非线性元件，输出端除了原有的音频电压成分，还出现了高次谐波电压分量，导致原有的音频电压发生失真，称这种失真为电压谐波失真。输入信号为单音调制的调幅波时，接收机如有非线性失真，则在输出音频信号中，不但有基波，还有谐波。谐波失真对音质影响很大，此种失真较大时，声音听上去就会有闷塞、嘶哑和很不自然的感觉。

谐波失真严重时，完全听不清原来讲话或乐曲的音调，甚至无法收听。

对于接收模拟信号的接收机，特别是其接收调幅广播信号时，通常用音频失真系数来表示接收机输出音频信号的失真程度。所谓失真系数，是接收机音频输出中除去基波分量以外的失真正弦信号的总有效值与全信号有效值之比，用百分数表示。非线性失真系数用 K 表示：

$$K = \frac{\sqrt{U_2^2 + U_3^2 + U_4^2 + \cdots}}{\sqrt{U_1^2 + U_2^2 + U_3^2 + U_4^2 + \cdots}} \qquad (3-12)$$

式中，U_1、U_2、U_3……分别为基波、二次谐波、三次谐波……的有效值。如调制信号为节目信号，或在输入的信号中还有无用信号，在接收机输出中，可能还有交调、互调产物。

(三) 相位失真

当已调载波频率上的不同调制频率通过接收机内各电路后，各调制频率相互之间的相位关系发生了改变，则称为相位失真。

在单声道声音广播中，这种相位关系的改变人耳是听不出来的，故一般不去考虑。但在接收立体声广播信号时则有影响，因立体声两声道信号之间相位差会影响声相的位置，使立体声声相定位产生偏移。因此，在接收无线广播时，只有频率失真和非线性失真产生影响。

频率失真是用接收机的频率曲线来衡量的，接收机的频率曲线说明了接收机输出电压 U_{out} 与输入电压的调制频率 f 之间的关系。在测量这条曲线的时候，接收机输入电压的振幅与调制系数应该是固定不变的。在理想情况下，接收机的频率特性曲线是一条和横坐标轴平行的直线，这时候频率失真是不存在的。

十、自动增益控制特性

自动增益控制特性是指对应于输入信号电平的变化量，接收机自动压缩输出信号电平变化量的性能。

十一、输出功率

输出功率是指广播接收机输出的音频信号强度，通常以毫瓦和瓦为单位。输出功率分为最大输出功率、最大不失真输出功率和额定输出功率三种。

最大输出功率是指在不考虑失真的情况下，能输出的最大功率。最大不失真输出功率又称最大有用功率，是指在非线性谐波失真小于10%（规定的失真度）时的输出功率。例如，收音机的音量电位器如果在最大位置仍达不到失真10%，则可继续加大调幅度。额定输出功率又称标称功率，是指最低限度应该达到的不失真输出功率。

第四章 调频与电视广播的接收和监测

第一节 调频广播接收概述

一、调频广播概述

1941 年，美国率先采用调频方式进行广播。第二次世界大战后，欧洲各国广泛采用调频广播，世界上很多其他国家亦相继采用调频广播。1958 年，美国开始采用立体声调频广播，美国联邦通信委员会于 1961 年将调幅—调频制（也称导频制或 GE-Zenith 制）作为立体声调频广播制式。1966 年，国际无线电咨询委员会推荐导频制和极化调制制。20 世纪 60 年代后，世界各国竞相开办立体声调频广播。我国也早在 20 世纪 50 年代末就进行了调频广播试验，但当时其主要用于节目传输。1979 年 10 月，黑龙江省广播电台首先进行立体声调频广播，随后全国各地相继办起立体声调频广播。

调频广播的主要优点是保真度高、抗干扰性能强、传播信号稳定、发射功率有效利用率高。但其也有不足之处，如传播距离近，并且存在多径失真现象。

二、调频波特性

（一）调频波的频谱

调频波的频谱比起调幅波的要复杂得多，无论用单一频率或复杂频率的信号调制，当调制度较深时，已调波均由无穷多个频率分量构成，也即频谱图上有无穷多根谱线，对称地分布在载波中心频率两旁。各边频分量的频率为 $f_c \pm nF_a$，其中 $n = 1，2，3，\cdots$，各个相邻边频之间的频率间隔等于音频调制信号的频率 F_a，第 n 条谱线与载频之间的频率差为 nF_a；各边频的振幅则有高有低，它是以调频指数 m_f 为参量的各阶贝塞尔函数。

（二）调幅波与调频波

调幅波是使载波的振幅随调制信号而变的电波，在已调波的包络中包含着调制信息，已调波的频率及相位则与载波相同；而调频波则是一种等幅疏密波，即已调波的瞬时频率是随调制信号的振幅正比例变化的，瞬时频率的变化速度则正比于调制信号的频率，信息依附在已调波频率的瞬时变化之中，已调波的振幅则保持不变。

（三）调频波的频偏

调频波瞬时频率变化的程度一般用频偏（Δf）表示，频偏是调频波瞬时频率与中心频率（载波频率）的差值。频偏（一般指最大频偏）与调制信号的振幅成正比，而与调制信号的频率无关。频偏表示了调频波的调制深度，它与调幅波的调幅相对应。在调频广播中，最大频偏 Δf_m 为 75kHz，以此值作为调制度的 100%。

设音频调制信号为：

$$u_a = U_{am}\cos\Omega_a t \tag{4-1}$$

式中，U_{am} 为调制信号振幅；Ω_a 为调制信号角频率，$\Omega_a = 2\pi F_a$，F_a 为调制信号频率。

又设载波信号频率为：

$$u_c = U_{cm}\sin\omega_c t \tag{4-2}$$

式中，U_{cm} 为载波信号振幅；ω_c 为载波角频率，$\omega_c = 2\pi F_c$，F_c 为载波频率。

调制信号对载波进行调频后的调频波表达式为：

$$u_{Fm} = U_{cm}\sin\left(\omega_c t + \frac{\Delta\omega_m}{\Omega_a}\sin\Omega_a t\right)$$

$$= U_{cm}\sin\left(\omega_c t + m_f \cdot \sin\Omega_a t\right) \tag{4-3}$$

式中，$\Delta\omega_m$ 为调频波角频率的最大偏移。$\Delta\omega_m = 2\pi\Delta f_m$，$\Delta f_m$ 为最大频偏。m_f 为调制指数，$m_f = \dfrac{\Delta\omega_m}{\Omega_a} = \dfrac{\Delta f_m}{F_a}$。式（4-3）中调制信号写成 $\sin\Omega_a t$，是由式（4-1）中 $\cos\Omega_a t$ 对时间积分得到的。因为频率是相位移动的变化率，所以，瞬时频率等于瞬时相位对时间的微分。反之，瞬时相位等于瞬时频率对时间的积分。

（四）调频波的有效带宽

由于调频波频谱的边频分布太宽，在一般调幅广播中舍去幅度小于未调制载波幅度的 10% 的分量，这对调频波信号的失真影响不大。此时，频谱中每边留下的边频数目对单一频率的调制信号而言为 $n = m_f + 1$。所以调频波频谱的有效带宽可取为：

$$B = 2\,(m_f + 1)\,F_{a\max} \tag{4-4}$$

式中，$F_{a\max}$ 为音频调制信号的最高频率。

考虑到 $\Delta f_{\max} = m_f F_{a\max}$，则式（4-4）可写作：

$$B = 2\,(\Delta f_{\max} + F_{a\max}) \tag{4-5}$$

在调频广播中，规定 $\Delta f_{\max} = 75\text{kHz}$，$F_{a\max} = 15\text{kHz}$，代入式（4-5）中，便可算得有效带宽为 180kHz，也即调频接收机为了达到高保真传输，其带宽应不窄于 180kHz。载波的振幅在调制后总比调制前要小，甚至小很多，这是调频波的特点，载波的部分能量已转移到各边带波中，即传输边带波不需要另外消耗功率，因此，调频广播的发射功率有效利用率比调幅广播的高。

（五）调频的抗干扰特性

调频波传输的信息是依附在已调波的瞬时频率变化之中的，已调波的振幅与调制信号的波形无关，因此，调频接收机中可采用限幅器来抑制进入接收机的各种振幅性干扰和噪声。这使调频接收机对干扰和噪声的抑制能力比调幅接收机要强得多。

无线电干扰包括机内噪声、脉冲干扰与外来的射频信号干扰（外来干扰）等。机内噪声是由晶体管和电阻中的电子不规则热运动引起的，它的频谱极宽，是一种振幅和相位都在不断变化着的随机干扰，机内噪声与外来干扰都可看作一种既调频的干扰波。在无欲收信号输入时，干扰的各个频率分量经解调后一般成为连续的咝咝声；当有欲收信号输入时，干扰的各个频率分量和欲收信号产生差拍，形成对欲收信号的寄生调制。

设进入中频级欲收已调波信号振幅为 U_s，干扰振幅为 U_n，两者的频率差为 $f_s - f_n$。当 $U_s \gg U_n$ 时，干扰对欲收信号产生寄生调幅，调幅度 $m = \dfrac{U_n}{U_s}$；同时干扰对欲收信号产生寄生调频，频偏 $\Delta f = \dfrac{U_n}{U_s}(f_s - f_n)$。

在调幅接收机中，检波器对寄生调频成分不起作用，而寄生调幅成分则会被检出。接收机机内噪声为宽带噪声，它对载波信号形成宽带调制，检波后噪声电压（与欲收信号输出电压的相对值）与调制频率的关系为矩形特性（也称矩形噪声频谱）。

在调频接收机中，中频限幅器的作用切除或削弱了寄生调幅干扰，输入鉴频器的合成波形仅存在寄生调频干扰。寄生调频的频偏为 $\Delta f = \dfrac{U_n}{U_s}(f_s - f_n)$。因此当噪声频率与欲收信号载波频率相同，即 $\Delta f = 0$ 时，鉴频器无输出。当两者频率不相同，即 $\Delta f \neq 0$ 时，噪声电压随频偏增大而增大，噪声频谱为三角形（其也称三角形噪声频谱）。

计算表明，对起伏噪声干扰，调频接收机信噪比对比调幅接收机可改善 18.7dB，而对脉冲噪声干扰，调频接收机的信噪比对比调幅接收机可改善 20dB。

在调频接收机中，噪声或干扰信号的频率越接近欲收载波信号频率，干扰的危害越小，这称为调频接收机的抗同频干扰性能，在调频接收机中用俘获比指标衡量。

以上所述是假定噪声干扰甚小于信号时的情况。如果天线输入的欲收信号电平很小，使接收机输入端的载波噪声比（载噪比）降低到一定程度，情况就不同了，这时调幅接收机输出端的信噪比随着输入信号电平（或输入载噪比）的减小仍然呈线性比例均匀变差。而调频接收机输出端的信噪比当输入信号电平减小到一定程度时则急剧变坏，以致接收机完全不能工作，这种现象称为调频解调的门限效应，相关曲线中转折点 P 所对应的输入信号电平，称为门限电平。

另外，为了进一步改善信噪比，调频广播采用"预加重"的方法，调频接收机则相应采用"去加重"电路。这一措施又可以使调频接收机的信噪比再改善约 4.75dB。

三、导频制立体声调频广播

在调频广播的发射系统中，采用立体声调制器就可以进行立体声调频广播。导频制发射系统由立体声调制器、调频调制激励器、发射机及发射天线等部分构成。立体声调制器是其特有部分，它的功能为合成立体声复合信号；调频调制激励器、发射机和发射天线则与普通调频广播设备的相同，是对主载波进行频率调制和完成广播发射的设备。

在立体声调制器中，立体声信息左、右两路音频信号分别经过预加重网络逐渐提高 3kHz 以上高音频分量的振幅，然后送到矩阵电路经过加、减变为 M 信号及 S 信号。矩阵电路输出的 M 信号构成主信道信号，可直接送至调制主载波，以便普通调频收音机兼容收听；S 信号则送至平衡调制器对 38kHz 的副载波进行抑制载波式幅度调制，所得到的双边带抑载调幅波作为副信道信号，再与 M 信号混合去调制主载波。

立体声复合信号频谱以 19kHz 导频信号与主、副信道频谱各间隔 4kHz，足可使接收机的立体声解调电路方便地滤出导频信号。这也是导频制副载波频率选择为 38kHz 的原因。

由于立体声信号是由几部分构成的，每部分信号将分占频偏。若在副信道信号中不把副载波抑制掉，副载波将占用很大一部分频偏，从而使其他可用信号得到的频偏减少，导致系统动态范围及信噪比下降。副载波本身不包含信息，故在导频制中采用平衡调幅的调制方式，将副载波抑制掉。其残余成分所占调制度不超过 1%。为保证导频信号与被抑制了的副载波完全同步，保持严格的相位关系，在立体声调制器中，导频信号与副载波是由同一个石英晶体振荡器分频产生的。

四、调频接收机

调频接收机是指能接收调频广播的各种装置的总称。

(一) 调频接收机与调幅接收机的区别

现在的调频接收机普遍采用超外差一次变频的程式。调频接收机与调幅接收机的主要区别如下。

（1）调频接收机的高频单元普遍具有高频放大器，而调幅接收机则不一定设置高频放大器。这是由于调频接收机在米波波段工作，机内噪声对灵敏度的影响比较大，又因米波广播传播距离近以及门限效应，接收机的灵敏度成为十分重要的性能指标，必须设置高频放大器。

（2）调频接收机的中频放大器具有限幅作用，这是与调幅接收机本质差异之处。一般习惯把鉴频器之前的最末一级中频放大器作为限幅放大器，这是仅就该级是最后进入限幅状态而言的。事实上，随着输入信号的增强，末级之前中频放大器也将依次进入限幅工作状态。此外，某些类型鉴频器电路也有限幅作用，如常用的比例鉴频器电路。

（3）调频接收机的中频放大器不必像调幅接收机那样必须加自动增益控制电路。该电路是为了防止可能有过强的射频信号进入接收机，引起混频器堵塞，使混频器不能正常工作，某些高级机采用控制高频放大器增益的自动增益控制电路。相关自动增益控制信号一般是从中频放大器前级引出，经过整流或放大后再整流得到的。

（4）调频接收机的解调器为鉴频器，它具有 S 形检波特性，当接收机偏调或本振频率偏移时，经外差作用进入中放级的欲收信号的频率将偏离 10.7MHz 中频频率（偏离 S 形曲线的中心频率），鉴频级就会有与频率偏移成正比的直流电压输出，调频机恰可以利用这一点设置自动频率控制电路，纠正接收机偏调或本振频率偏移，这是一般调幅机所不具备的一种功能。

（二）立体声调频接收机

鉴频器之前立体声调频接收机和单声道调频接收机相同。鉴频器之后，立体声调频接收机多了一级立体声解码器，音频放大器和放声系统是双通道的。此外，单声道调频机的去加重电路接在鉴频器的输出端，而在立体声接收机中去加重电路则接在解码器之后。

（三）调频接收机的噪声系数

由于调频广播在米波波段工作，而在此波段内天电干扰比中、短波段内的小，调频广播电波又主要沿视线传播，受到远距离各种电磁波干扰的机会少，同时，调频接收机本身对外来干扰和噪声的抑制能力比调幅接收机的要强得多，调频接收机的机内噪声成了影响整机灵敏度和信噪比的主要因素，故噪声系数的存在也就成了调频机设计中的突出问题。

调频接收机整机的总噪声系数可由下式表示：

$$F_N = F_{N1} + \frac{F_{N2}-1}{K_{P1}} + \frac{F_{N3}-1}{K_{P1} \times K_{P2}} + \cdots + \frac{F_{Nn}-1}{K_{P1} \times K_{P2} \cdots K_{P(n-1)}} \qquad (4-6)$$

式中，F_{N1}、F_{N2}、$\cdots F_{Nn}$ 分别为整机第 1、2、$\cdots$（$n-1$）级电路的噪声系数；K_{P1}、K_{P2}、$\cdots K_{P(n-1)}$ 分别为整机第 1、2、$\cdots$（$n-1$）级电路的功率增益。式（4-6）表明，F_N 值主要取决于接收机前几级的噪声系数和增益，即高频电路的噪声系数和增益。

噪声系数的定义为：

$$F_N = \frac{\text{电路输入端信号与噪声功率比}}{\text{电路输出端信号与噪声功率比}}$$

单级 F_N 的大小，不仅和电路元器件本身的噪声及放大增益有关，也和各级电路之间的匹配状态有关；对变频级来说，其又和本振强度及混频管工作状态有关。

五、调频接收机的主要技术指标

（一）灵敏度

接收机的灵敏度是指在规定的音频输出信噪比下，产生标准输出功率所需要的最小输入信号电平。它反映了接收机接收微弱信号的能力。噪限灵敏度和实用灵敏度两种指标是针对弱信号调频波接收性能提出的。测量时要求输出信噪比为 30dB，以达到起码的接收信噪比状态。

1. 噪限灵敏度

噪限灵敏度是指用去调制法测得的单声灵敏度。需要指出的是，当接收机增益较高时，注入接收机天线端信号的电压将很小，如接近"门限电平"，这时由于噪声所引起的寄生调频不可忽略，并且因小信号输入通带将变窄，引起音频输出的失真增大。

2. 实用灵敏度

在对调频接收机要求较高的情况下，例如，在 A 类产品中，以实用灵敏度来评价产品性能。实用灵敏度的信噪比为：

$$\frac{S+D+N}{D+N}=30 \text{（dB）} \tag{4-7}$$

式中，S 为音频输出的调制信号电压；D 为音频输出信号的失真成分；N 为解调输出中的噪声电压。

实用灵敏度用基波滤除法来测量，即先用电压表测得（$S+D+N$）的电压，然后将这一输出信号通过频率等于调制信号（标准规定为 1kHz）的带阻滤波器，滤除基波 S 而得（$D+N$）的电压。两者幅度之比为 30dB 时的天线端注入电压即为整机的实用灵敏度。

（二）调频立体声点灯灵敏度

调频立体声接收机以点灯灵敏度来表示接收机输入信号电平已开始使接收机进入立体声解调工作状态。

目前调频立体声接收机几乎均采用锁相环式集成电路作为解码器，在解码器输入端的导频点灯电压约为 6mV，整机的点灯灵敏度高低与接收机高放、中放的增益、鉴相器的效率和解码器的点灯电压高低有关。

（三）信噪比

接收机的输出信噪比随着天线输入信号强度的变化而改变。在调频接收机的输入输出特性曲线图中，横坐标表示天线端输入信号电平，纵坐标为解调输出电平。该特性曲线可以直观看出在不同输入信号强度时，输出电平与整机噪声电平的变化趋势。特性曲线上标出了调频接收机的门限电平、灵敏度（$S/N = 30$dB）、限幅电平、50dB 信噪比灵敏度（也称"静度"）等。限幅电平或称限幅灵敏度，是指接收机的解调输出比标准输入信号电平产生的输出低 3dB 时的输入信号电平。50dB 信噪比灵敏度是指信噪比为 50dB 时的输入信号电平。国标中所规定的信噪比是指接收机输入电平为 70dBf（70dBf 用 75Ω 有载端电压表示时为 870mV）

时整机输出的不计权信噪比。若调频接收机高、中频电路设计合理，则此时测得的信噪比应是输入输出特性中的最大信噪比，一般整机最大信噪比为 60~65dB。调谐器中的 FM 接收机信噪比一般大于 75dB。当输入信号电平较低时，立体声噪声输出比单声的大，但当输入信号电平增大到一定程度时，两者的噪声输出就比较接近。

在新的标准中，调频接收机输入信号电平采用飞瓦（fW）作为基准单位，$1fW = 10~15W$。dBf 表示以 fW 为基准的分贝数。

（四）立体声信噪比

立体声接收机的中放通带要比单声道接收机的宽得多。鉴于频率调制的三角形噪声频谱特性，立体声调制信号所占的频带内噪声功率比单声道调制时高 20.75dB，并且扣除导频信号占 10% 的调制频偏，欲收信号调制只占 90%，输出又将下降约 1dB，因此在接收较小信号时，一般立体声的信噪比要比单声道的差 21.7dB，所以立体声接收时的有限噪声灵敏度（$S/N = 30dB$）明显低于单声道接收时的。当接收机输入信号电平提高至中等场强信号时，立体声信噪比受接收机本身的噪声限制，基本上接近单声道的水平，最差情况下，二者相差 4~6dB。

（五）俘获比

俘获比反映调频接收机在接收两个同频信号时，抑制较弱信号、选出较强信号的能力。

两个载频相同（或十分接近）的信号进入接收机通道，如果放大电路在线性范围内工作，则在鉴频器之前是不会产生新的成分的，它们的合成信号属于既调频又调幅的复合调制波。但这种复合调制信号经过中放限幅和鉴频后，便产生强信号抑制弱信号被俘获的现象。

改善调频广播接收机俘获比性能的关键是使中频放大器具有足够高的中放增益、良好的限幅特性和线性鉴频特性。一般的调频广播接收机俘获比在 5dB 以下，高级机俘获比可达到 1dB 以内的水平。

（六）立体声分离度

在接收机中，主信号从鉴频器可直接输出，而副信号还须经解调器。主信号频率在音频范围，而副信号被移频到超音频范围，电路放大器对两种信号的相位延时会不均匀。基于以上因素，送到解码器的主、副信号之间总存在增益差和相位差，所以解码器开关信号对主、副信号进行解码后输出的左、右音频信号中总存在一定串音成分。左、右信号相互串扰的程度常用分离度来表示。

分离度定义为一个声道的输出信号电压与另一声道信号串到该声道的串音分量电压之比。即设 $(U_L)_L$ 为左声道输出信号电压；$(U_L)_R$ 为右声道信号串到左声道的串音电压，立体声左声道的分离度为：

$$S_L = 20\lg \frac{(U_L)_L}{(U_L)_R} \qquad (4-8)$$

同样，右声道的分离度为：

$$S_R = 20\lg \frac{(U_R)_R}{(U_R)_L} \qquad (4-9)$$

如果接收机解调器与低放通道的平衡度非常好，它们的测量结果将比较一致。我国调频接收机参数性能标准中以分离度来考核整机立体声性能。

（七）　立体声的平衡度

立体声的平衡度是指给立体声左、右通道输入同相信号时，接收机的左、右通道输出信号电压差。平衡度的好坏将影响两路通道重放声音的强度差与立体声声像定位情况。

立体声平衡度的优劣取决于接收机中频特性、解调器与低放通道增益的一致性，并与某些元器件的性能（如立体声音量电位器的同步性能）有关。

测量平衡度可对接收机加（$L=-R$）的信号调制，然后分别测量左、右声道的输出电压，并以左声道为基准，则计算出立体声的平衡度为：

$$B = 20\lg U_R U_L \tag{4-10}$$

（八）　立体声的同一性

立体声的同一性用来考核左、右声道的相位不对称性，它能更全面地反映两声道间立体声性能的一致性。立体声的同一性因数定义为：当用等幅同相的信号（即 M 信号）调制时，接收机的左、右声道输出电压矢量和的 1/2 与用等幅反相信号（即 S 信号）调制时，左、右声道输出矢量和的 1/2 之比。即：

$$I = 20\lg \frac{\left(\dfrac{\vec{U}_L + \vec{U}_R}{2}\right)_M}{\left(\dfrac{\vec{U}_L + \vec{U}_R}{2}\right)_S} \tag{4-11}$$

在同一性测试中，可借助两个阻值完全相等的电阻，串联后接在左、右声道输出端，测量其中点的电压，就可较简单地求出矢量和幅值的 1/2。

设在中点测得 U_{OM} 为同相信号调制时输出电压矢量和的一半，U_{OS} 为反相信号调制时输出电压矢量和的一半，则同一性因数为：

$$I = 20\lg \frac{U_{OM}}{U_{OS}} \tag{4-12}$$

第二节　电视广播接收概述

一、电视广播概述

电视广播是一种带有伴音和图像节目的广播，射频电视信号包括用视频信号调制图像载波后的已调图像载波信号（已调图像信号）与用音频节目信号调制伴音载频后的已调伴音载波信号（已调伴音信号）。各国视频信号对视频载波都采用振幅调制（调幅）。对伴音信号则多采用频率调制（调频），但也有少数采用调幅方式的。

调制时，一般要求载频比基带调制信号频率高出若干倍。我国规定，视频信号带宽为 6MHz，为此图像载频应为数十兆赫以上。国际电信联盟把电视广播频段分配在 VHF 频段与 UHF 频段。为了使已调图像信号与已调伴音信号在一个电视频道内共用一副天线发射，而不互相产生干扰，把已调伴音信号落在已调图像信号频带之外，且应保持二者尽可能地接近。

（一）已调图像信号

图像信号采用振幅调制，设视频调制信号为 $\sum U_{nm}\cos(\Omega_n t + \varphi_n)$；

载频信号为 $\sum\limits_{n=1}^{\infty} U_{nm}\cos\ (\Omega_n t+\varphi_n)$；载频信号为 $U_{cm}\cos\ (\omega t+\varphi_0)$，则已调波信号为：

$$u = U_{cm}\left[1+\sum\limits_{n=1}^{\infty} m_n\cos\ (\Omega_n t+\varphi_n)\ \right]\ \cos\ (\omega t+\varphi_0)$$

$$= U_{cm}\cos\ (\omega t+\varphi_0)\ +\ \sum\limits_{n=1}^{\infty} \frac{m_n}{2}U_{cm}\cos\ \left[\ (\omega+\Omega_n)\ t+\varphi_0+\varphi_n\right]\ +$$

$$\sum\limits_{n=1}^{\infty} \frac{m_n}{2}U_{cm}\cos\ \left[\ (\omega-\Omega_n)\ t+\varphi_0-\varphi_n\right] \tag{4-13}$$

式中，U_{cm} 为载频振幅；m_n 为调制信号中第 n 次谐波（U_{nm}）的调幅系数，$m_n = U_{nm}/U_{cm}$；ω 为载频角频率；φ_0 为载频初相位；Ω_n 为调制信号中第 n 次谐波角频率；φ_n 为调制信号中第 n 次谐波的初相位。由以上调幅所形成的射频信号，其带宽为视频调制信号的两倍，为了节约频带，使有限的频带可传送较多的电视节目，现行的已调图像信号均采用残留边带发射，即发射一个完整的边带（上边带）与载波以及发射靠近载频另一边带的一小部分，这样可使射频带宽受到很大压缩而又便于用滤波器滤出所需的射频图像信号。

我国电视广播发射标准频道带宽为 8MHz。伴音载频 f_s 比图像载频 f_p 高出 6.5MHz。对 0.75MHz 以下的图像信号采用调幅双边带发射，对 0.75MHz~6MHz 的图像信号采用上边带发射，下边带中拓宽的 0.5MHz 对应边带滤波器允许的坡度。

图像信号是单极性的，调制时可选正、负两种调制极性。我国和其他大多数国家采用负极性调制。所谓负极性调制，是指同步脉冲电平对应已调载波的峰值电平，而白色电平对应已调载波的最低电平。采用负极性调制有以下特点：接收机可用同步脉冲幅度作为基准电平，以作为自动增益控制的控制电压；由于图像的亮场比暗场多，负极性调制的调幅信号的平均功率比峰值功率小得多（约小 2~3 倍），这可提高发射机的节能效益；射频信号在传送过程中，如受到外来脉冲干扰，对负极性调制来说，干扰脉冲在屏幕上显示为暗点，不易被人眼察觉。此外，在负极性调制中，干扰脉冲的极性与同步脉冲极性一致，可通过接收机内的自动噪声抑制电路加以抑制。

（二）已调伴音信号

我国电视伴音信号采用调频方式，调频具有抗干扰能力强、频响宽和音质好等特点。按我国标准，电视伴音最大频偏为 ±50kHz，伴音最高频率为 15kHz，调频波带宽约为 130kHz，适当留出保护带后，将已调伴音信号带宽规定为 0.25MHz，伴音的预加重时间常数取为 50μs。为使图像与伴音信号有相同的服务区，我国取已调图像信号的包峰的有效辐射功率与伴音未调载频有效辐射功率之比为 10∶1。

二、双伴音/立体声电视广播接收

在现有电视射频信号中，还存在着一些"空隙"，未被用于传送电视伴音和图像。这些"空隙"主要存在于用作传送电视伴音的频带中与传送图像的场扫描逆程期间的某些空行内。在播送现有电视信号的同时，可以利用电视射频信号中的上述"空隙"播送附加信息。附加信息可以是声音、文字或静止图像。

在一个电视频道内传送两路以上伴音的电路称为多路（多重）伴音电路，这里主要介绍双伴音/立体声电视广播电路。双伴音是指对同一电视节目配以两路不同语种的伴音，立体声是相互联系的左、右两路声音。要求以上两种伴音都能与传统的单声伴音系统兼容。

目前世界上已有许多国家开展了双伴音/立体声电视广播。国际无线电咨询委员会对此推荐了两种制式：调频—调频制、双载波制。日本、美国等采用调频—调频制，德国等主要采用双载波制，我国对这两种制式进行了对比试验，于1987年决定采用双载波制，并制定了相应的技术标准。

调频—调频制是将双伴音中的副伴音信号或立体声伴音中的"差"信号（左、右声道信号之差）对伴音副载波进行调频，再与双伴音中的主伴音信号或立体声伴音中的"和"信号（左、右声道信号之和）一起，对现行电视广播伴音载波进行调频。伴音副载波是为传送副伴音信号或"差"信号而设立的附加载波。伴音副载波频率比伴音载频高出两倍行频。

双载波制是将双伴音中的主伴音信号或立体声中的"和"信号对第1伴音载波（现行电视广播的伴音载波）进行调频，将双伴音中的副伴音或立体声中的"右"信道信号对第2伴音载波进行调频。第2伴音载波是为传送副伴音信号或立体声"右"信道信号而设立的附加伴音载波。第2伴音载波频率比第1伴音载波频率高一些，具体频率随不同电视标准制式而异。

三、电视广播接收机

电视广播接收机按照接收伴音信号方式的不同可分为内载波式、分离式与准分离式三种。

(一) 内载波式接收机

内载波式接收机具有电路简单、成本低等优点，为普通电视机所普遍采用；但在接收高质量的伴音信号时，存在杂音较大、信噪比较低等缺点。这是因为在内载波式接收机中，伴音中频与图像中频共用一个中频通道，中频带通滤波器特性曲线须兼顾图像和伴音通道两者的技术要求，为满足接收电视图像射频信号残留边带传送方式的需要，须让接收机图像中频 38MHz 位于中频通频带特性曲线斜边中点 (-6dB) 处，这样在图像信号检波过程中，当图像信号幅度有相对变化时，会对图像中频产生寄生调相。内载波式接收机的调频波伴音信号是从图像中频载频与伴音中频的差频得到的，因而当图像中频存在寄生调相时，内载波伴音中频 (第 2 伴音载频) 也存在寄生调相，这样鉴频解调后得到的伴音信号将附有寄生调相所产生的杂音，这种杂音称为内载波杂音和蜂音。此外，在内载波式接收中为防止伴音中频 31.5MHz 信号对图像信号的干扰，中频特性曲线对伴音需要有大于 20dB 的衰减吸收，这亦将使伴音信号的信噪比降低。

(二) 分离式接收机

分离式接收机在高频调谐器中频输出端分别接有图像中频与伴音中

频通道，两者互相独立，这样图像与伴音中频通道中的带通滤波器可按各自的最佳特性状态设计，伴音信号是直接从伴音中频 31.5MHz 信号鉴频解调得到的，因伴音中频不受图像中频影响，可避免像内载波式接收机的内载波杂音出现。但分离式接收机对本振频率稳定度有严格要求，故一般不采用此种接收机。

（三）　准分离式接收机

为得到高质量的伴音接收效果，而对接收机本振频率稳定度又未提出特殊要求，人们提出一种称为准分离式的接收方式。它的主要特点是，图像中频与伴音中频通道相互独立，类似于分离式，而供鉴频解调用的伴音调频波信号仍采用内载波解调方式得到。

准分离式接收机在高频调谐器输出端接收，分别通过图像与伴音中频滤波器，将图像中频信号与伴音中频信号分开。图像中频滤波器与伴音中频滤波器采用专用的声表面滤波器。图像中频滤波器对伴音中频载频吸收很深，从而可消除伴音中频信号对图像中频信号的干扰，伴音中频滤波器在图像中频载频和伴音中频上各有一个峰点，这样对伴音中频信号几乎无衰减。伴音中频通道内的图像中频载频仅作为内载波解调的基准载波信号之用，因此不像通常内载波式接收机中须使图像中频位于图像通频带特性曲线斜边中点处，可把它置于左右对称的峰顶上，由此得到的基准图像中频载波信号不会因图像中频信号检波而产生附加调相，从而可降低内载波调波的附加调相。

准分离式的调频内载波频率 6.5MHz，通常是采用正交解调得到的。

正交解调用乘法器解调电路，输入正交解调器的两路信号分别为伴音中频信号与基准图像信号，后者从伴音中频通道内经 38MHz 选频取得图像中频载频，再经 90°移相后得到。用作中频放大与正交解调的集成电路有飞利浦公司的 TDA2556 等。接在内载波解调输出端的 6.5MHz 与 6.742MHz 滤波器均为陶瓷滤波器。按照双伴音/立体声技术标准规定，第 1 伴音载波功率比第 2 伴音载波功率高 7dB。6.5MHz 滤波器对 6.742MHz 伴音载波衰减要求为 38dB，而 6.742MHz 滤波器对 6.5MHz 伴音载波的衰减要求为 52dB。

立体声解码电路是把第 1 伴音通道鉴频后的"和"信号 M 乘以 2，减去第 2 伴音通道鉴频后的右信号 R，由此得到立体声的左信号 L。但双载波制立体声伴音的编码采用 M、R 方式，即第 1、第 2 伴音通常分别传送 M、R 伴音，而不是像普通调频广播那样采用 M、S 方式，这是考虑到当用通常的内载波式接收机接收时，解调输出的伴音信号含有内载波杂音，这种杂音属于相关杂音按线性关系叠加，当两伴音通道输出的伴音相减时内载波杂音减小。例如，立体声编码采用 M、S 方式，接收机解码后左、右两伴音的信噪比相差较大，而采用 M、R 编码方式，则接收解码后的左、右两伴音的信噪比较接近。

在第 2 伴音通道鉴频输出信号中，还包含调幅波识别信号，经 54.6875kHz 选频放大与振幅检波得到 117.5Hz 或 274.1Hz 等识别信号频率，通过 117.5Hz 或 274.1Hz 选通放大，把对应于三种伴音方式的三个识别信号频率，在频率判别器内转换为二进制码，经逻辑控制电路分两路输出，一路驱动伴音方式指示灯，另一路控制输出开关，将第 1、第 2 伴音通道的伴音或解码的立体声左、右声自动切换到伴音输出电路的两个输出端。播双节目时，第 1 或第 2 伴音通道节目的选择须人工切换。用作双载波电视立体声解码、识别信号解调等的集成电路有 TDA380A 等。

第三节　调频、电视广播监测概述

调频、电视广播主要监测设备如下。

（1）接收天线系统，包括米波、分米波段定向天线（含方向可遥控的定向天线）、无向天线与天线分配器。

（2）射频测量系统，包括场强仪、测频仪、调制度测量仪等。

（3）调频接收机、录音机。

（4）（电视）接收监视器、录像机。

（5）视频测量系统，包括波形监视器、矢量示波器或视频信号自动测量仪等。

第四节　发射运行状况监测

发射运行状况监测主要是检查各发射机是否按规定的发射机运行图表和节目传送运行图表进行工作。

一、有关停播事故的规定

对发射机运行的要求是高质量、不间断。不间断就是不发生停播事故，这里所指的停播事故不仅是发射机本身停播，还包括错播、少播、空播等。出现停播事故除发射机出现问题，还可能是播控中心、电视中心或节目传送环节等出现问题。

二、对发射运行异常情况的处理

监测台监测广播、电视发射运行状况，实际上是对整个广播、电视系统运行状况进行检查。它不仅监测发射机运行状况，同时监测播控中心、电视中心与节目传送运行各个环节。监测台应能及时发现停播事故，并把停播情况连同停播可能发生在哪一环节的分析意见，及时告知发射台或有关部门，有关部门应对监测台反映的意见及时予以回复。停播事故中，属于电声指标严重低劣的，因限于目前测量条件，暂不作停播对待而作劣播处理。

三、停播事故的自动监测

停播事故属于节目错播的，需凭主观监测判断，其余如无载波信号、无调制信号、服务区场强下降过多等的停播事故，应尽量采用自动监测装置监测。有条件的监测台可对发射台播出的部分节目或全部节目进行录音或录像。

第五节　调频、电视的主观监测

调频、电视的主观监测主要是监测播出的声音与图像节目的质量。监测播出质量的基本条件是：接收信号有足够强度且无干扰；监测接收设备的性能指标较高，由接收设备引起的对节目质量的损伤可忽视。一个高质量的节目，除应有好的节目内容外，在技术方面，应有高超的录制技巧与高质量的技术性能指标。监测台监测播出质量的重点是技术监测。

一、调频节目信号的质量监测

单声调频广播发射机电声指标：频响 40~15000Hz，±1dB；谐波失真<1%；信噪比>58dB。它比调幅广播发射机的电声指标高，因此对调频节目的质量要求应比对调幅广播节目的高。评价立体声节目质量，有以下内容：立体声效果、音色、层次（清晰度）、平衡、失真、噪声等。要监听调频立体声节目，除需监听左、右信道声音的电声质量外，还要监听立体声节目应有的立体感。立体感是指从立体声收音机听到的声音，犹如在现场（如剧场）听到的那样真实与动听。为有较好的立体感，应把左、右信号两个扬声器分别放在监听席位左前方与右前方的某一合适位置（如与监听席位成 60°~80°夹角）。监听室应有适当的混响时间（如 0.3~0.4s）以得到较好的收听效果。

二、电视图像信号的主观监测

电视图像信号监测包括对图像的主观评价与对视频信号的客观测量。电视图像信号主观监测，系利用接收监视器，对播出的节目画面质量，凭主观感受用 5 分制进行评定。

（一）电视图像信号主观监测内容

反映图像信号质量的主要指标有灰度、对比度、清晰度、镶边与重影、彩色重现逼真度、噪波与干扰，以及几何失真与图像不稳定等。

（二）图像节目内容对主观评价的影响

电视图像信号的主观评价与客观物理之间，一般来说，有相应的确定关系。然而，这种关系会随着画面景物或节目内容不同而有所差异。即视频信号的某些失真，在一些图像节目中容易被察觉，而在另一些节目内容中不易被察觉。

例如，静止的、对比度较高的图像或文字，存在回波或重影现象时，容易被察觉；而活动的、对比度较低的图像，有回波等，就不易被察觉。又如，静止的彩色图像存在亮度—色度时延、差时容易被察觉；人们常见的颜色如肤色、蔚蓝的天空、碧绿的树叶、鲜艳的红旗等颜色如色度信号有失真，容易被察觉。阴暗的背景或物体的红色部分，有随机的噪波，容易被察觉；丰富色调和多层次饱和度的图像，有微分增益、微分相位和亮度—色度增益差等失真，容易被察觉。因此，在评定图像某项质量时，应从较容易展示质量受损伤的节目画面上去观测。

（三）电视图像信号主观监测评分等级

评分时通常采用5级质量制或5级损伤制，5级质量制是从图像质量主观感觉的综合优劣程度考虑，对受评图像进行评分；5级损伤制是从图像质量受损程度的主观感觉，对受评图像进行评分。具有相同等级的质量制与损伤制的说明可以起到互为补充的作用。5级制评定图像质量与损伤说明如表4-1所示。

表4-1　　　　　　　　5级制评定图像质量与损伤说明

评定等级	图像质量	图像损伤
5	优，质量极佳，十分满意	察觉不出有损伤或干扰存在
4	良，质量好，比较满意	损伤或干扰稍可察觉，但并不令人讨厌
3	中，质量一般，尚可接受	损伤或干扰可察觉，令人感到讨厌
2	差，质量差，勉强能看	损伤或干扰比较严重，令人感到相当讨厌
1	劣，质量低劣，无法收看	损伤或干扰极严重，无法收看

（四）观看电视图像的最佳条件

1. 观看图像的最佳距离

最佳距离主要决定于电视系统的场频。我国电视场频为50Hz，最佳观看距离约为图像高度的6倍，如场频为60Hz，则最佳观看距离约为图像高度的5倍。观看距离太近，会有闪烁感，可看到屏幕上的光栅；观看距离太远，不易看清图像内容细节。

2. 屏幕最高亮度

最高亮度最好调节在（60±10）nit[①] 这一范围内。最高亮度是指白色光在荧光屏上能发出的最光亮程度。在彩色信号中，这指白条信号的亮度。监视器或高质量电视机，显示彩条信号中的白条亮度信号通常介于60~80nit。

3. 屏幕不发光时的亮度

当显像管电子束全部被切断时，此时屏幕似乎不应发亮，然而显像管由于受到外来光线照射，仍能反射，出现一定的亮度，这个亮度的大小将影响对比度的范围。屏幕不发光时的亮度与屏幕最高亮度的比值应等于或小于0.02。

4. 衬托光亮度

衬托光是指从监视器或电视机后面墙壁反射出来的光，衬托光亮度即背景亮度。衬托光亮度与图像最高亮度的比值约为0.1，衬托光可防止电视室内光线过暗，室内环境过暗将使屏幕对比度过大，而对比度过大会使人眼感到疲劳，影响主观评价效果。

5. 背景色度

电视室的两侧与监视器或电视机的背景色最好为白色。屏幕前面墙壁颜色最好为浅灰色，以防止对屏幕图像的反射。在监视器或电视机周围应尽可能多留出一些空隙，以便能见到衬托光，室内的其他照明设备

---

① 尼特，为亮度单位。

亮度应尽量低一些，不应使用可能会对屏幕产生直射的光源。

（五）彩色电视广播测试图

电视台在正式播出节目之前播送的彩色电视广播测试图，主要是供用户检查与调整电视接收机，它还可以用于检查播出质量。

（六）电视图像监视器

主观监测电视图像信号用的设备主要是高质量接收监视器。对高质量接收监视器的要求是图像清晰度高，彩色重现逼真。监视器清晰度高可以反映出图像信号的各个细节和质量损伤情况。

高质量接收监视器与电视接收机的主要区别是，高质量接收监视器要求尽可能如实反映出所接收的电视图像的各个细节和存在的问题，因此其技术指标要求很高，其稳定性要好，尽量少采用自动调整补偿电路；而对于电视接收机来说，则要求其尽量使接收图像信号中所存在的各种缺陷不在屏幕上显示出来，因此，电视接收机电路中多采用各种自动调整补偿电路。

市场上的收/监两用监视器，通常是在电视接收机基础上加装视音频输出、输入接口；其性能和电视接收机相同，清晰度不甚高，可作为一般收视工具。

第六节　调频、电视信号指标测量

一、调制度与包络电平测量

（一）调频波调制度测量

调频波的调制度是指调频载波的频率偏移量与调频波的额定频率偏移量（调频广播额定偏移量为 75kHz，电视伴音额定偏移量为 50kHz）之比，用百分数表示。调频波的调制度用调频波频偏仪测量。

对调频发射机调制度的要求是既不要超过额定值，又不要调制不足。如调频发射机调制度超过额定值，即过频偏，发射机将产生带外辐射。过频偏的调频波如超出了调频接收机鉴频器的线性范围，将产生非线性失真，会降低节目信号质量。如这一调制度偏低，接收机鉴频器输出的音频信号将偏低，会降低节目信号的信噪比。

（二）立体声左、右信号分离度测量

有的调频台在正式播出节目之前，先后送出左、右声测试信号与同时送出左、右声测试信号，以供调整立体声接收机解码器之用。监测台可利用此测试信号来监测立体声左、右信号分离度与左、右信号电平差。

立体声左、右信号分离度 S 可用下式计算：

$$S = 20\lg \frac{U_L（或 U_R）}{U'_R（或 U'_L）} \qquad (4-14)$$

式中，U_L（U_R）为发射机仅有左（或右）通道输入单音频调制电压时，立体声接收机解码器的左（或右）路输出电压；U'_R（U'_L）为发射机仅有右（或左）通道输入单音频调制电压时，立体声接收机解码器的右（或左）路输出电压。

立体声左、右信号分离度是调频立体声广播的一项重要技术性能指标。测量该分离度需用调频立体声调制度测量仪或调频监测接收机。测量方法：调节相关测量仪或监测接收机增益，当发射机仅发射左（右）信号时，使左（右）信道输出电平为额定值 U_L（U_R）。与此同时，在右（左）信道输出端测得电压为 U'_R（U'_L），然后按式（4-14）计算出立体声左、右信号分离度。在两次测量中，取其中分离度表现较差值作为实例值。

（三）图像载波调制度或图像载波包络电平测量

已调图像信号（或称图像已调波）是指图像载波被视频信号调制的信号，我国电视广播图像信号采用负极性振幅调制。

图像载波被视频信号调制的深浅程度，可用图像载波调制度或图像载波包络电平来表示。

图像载波调制度 m 可用下式表示：

$$m = \frac{A-B}{A} \times 100\% \tag{4-15}$$

式中，A 为同步顶载波电平；B 为某一时刻的载波电平。

图像载波包络电平 e 可用下式表示：

$$e = \frac{B}{A} \times 100\% \qquad (4-16)$$

亮度信号特征电平的调制度：黑电平为 25%，白电平为 87.5%。亮度信号特征电平的包络电平：黑电平为 75%，白电平为 12.5%。

监测图像载波调制度或图像载波包络电平时，播出方（或发射方）需输送插入测试信号。测量方法是用波形监视器观测由电视监测接收机（或解调器）输出的视频信号（带有零基准线）。观测图像载波调制度主要是观测插入测试信号中亮度条信号的调制度。亮度条信号调制度偏高，视频亮度条信号将偏大，剩余载波将偏小；调制度偏低，视频亮度条信号将偏小，剩余载波将偏大。对于内载波伴音接收机来说，调制度偏高，伴音信号将偏小；调制度偏低，伴音信号将偏大。

二、视频信号测量

（一）视频测试信号

监测台测量的视频信号是接收到的电视信号经解调后输出的视频信号，测量视频信号需要在视频通道的始端送入测试信号，供视频信号动态测量用的测试信号主要是插入测试信号。插入测试信号是指插入在全电视信号消隐期内某些空行内的测试基准波形，以下简称插测信号。

插测信号插入在全电视信号形成以前，随全电视信号一起传送，因而在节目传送、发射过程中，如插测信号有失真，则能反映出视频信号质量损伤情况。

我国电视广播中的插测信号及其他插入信号插入的行数在奇数场内为14～22行，在偶数场内为327～335行。我国对各插入测试行信号的用途规定如下。

（1）第14、15、16、327、328、329行分别供电视台作台标识别，报时和业务数据等使用。其中第16和329行供中央电视台传送标准时间、频率信号用。

（2）第17、18、330、331行供国际插测信号用，供国际传送和交换节目使用。第17、18、330、331等行并可供国内播送静止图像、文字信息等用。

（3）第19、20、332、333行供国内电视插入测试信号用。

（4）第22行供测量随机噪波用。

（5）第21、334、335行为备用行。

有些电视台在播送节目之前，如播送彩条信号，则可利用彩条信号测量色度信号。

（二）视频信号电平测量

视频信号电平中消隐电平（黑色电平）为0V，白色电平为0.7V，同步信号峰值电平为-0.3V。

1. 图像信号电平

电视图像信号电平是单个方向的随机量，它的平均值视图像的内容而定。平均图像电平是指行有效期间图像信号幅度的平均分量在整个帧周期（不包括行、场消隐期间）内的平均值，用亮度信号幅度标称值的百分数表示。

视频信号电平如有变化，将影响图像的平均亮度、对比度和色饱和度。人眼对平均亮度的微小变化较为敏感，当电视节目切换时，如不同节目的两个视频信号电平相差在 0.3dB 以上，人眼有可能察觉其有变化。视频信号电平过高可能会产生非线性失真；过低将影响视频信号信噪比。

影响视频信号，导致其不稳定的，有传输原因与设备原因。设备原因包括环境温度与电源电压变动而引起的变化。视频信号电平的不稳定通常只考虑短时间（1s）和中等时间（1h）内的变化。对于长时间内的变化，则允许对电平进行调节。至于随节目切换而引起的电平变化，主要通过加强值班监视与操作来改变，或采用视频电平自动校正器。

图像信号电平是个随机量，无法确切测量。如要了解图像信号电平是否失真，可通过观察插测信号中各基本测试波形电平的相对变化来确定。

2. 同步信号电平

同步信号主要是指行、场同步信号，在彩色电视中还包括副载波同步信号。行、场同步信号峰值电平与图像信号峰值白电平之比为 3：7，同步信号电平可用波形监视器或通用示波器观测。对同步信号电平的要求是保持标称幅度，以及当图像内容变化时，同步脉冲的前沿不产生明显的偏移。如同步脉冲幅度受到压缩和有非线性失真，将会影响箝位电路工作与同步的稳定性。如这种失真只影响视频信号中的图像信号，则将造成图像闪烁。如同步脉冲受到严重压缩，可能导致瞬时失去同步，造成图像跳动、滚动或破坏。

色副载波同步信号电平过小、失真或不稳定，将使彩色电视机中的色副载波再生信号不能进入锁相状态。副载波信号相位有差异，将使色度信号混乱。副载波信号不能恢复，将使彩色电视机的彩色消失而只能显示黑白图像。

（三）视频信号线性失真测量

在放大电路或传输网络中，存在电抗性元器件或分布参数。视频信号通过上述网络时所产生的失真称为线性失真。

线性失真可用频域法或时域法测量。频域法测量需要从输入端输送专用的测试信号。它不适用于电视广播发射运行中的测量。时域法测量主要是观察插测信号的时间响应。用时域法测量比较方便也比较直观，测量出的波形失真与图像受损的主观评价之间有较确定的关系。因为所用的测试波形是与图像视频信号同时播出的，因此可在节目的播出过程中用时域法进行测量。

1. 亮度信号失真测量

亮度信号波形失真包括短—时间、行—时间、场—时间与长—时间波形失真四项，这几项失真均可用客观方法测量。为使各项线性失真所造成的图像质量损伤程度在主观评价上具有可比性，国际上提出一种 K 系数加权法，这就是对各项失真测量结果用 K 系数加权，使加权后的各项测量数具有可比性。常用的 K 系数有四个，即 $2T$ 正弦平方波失真 K_P、$2T$ 正弦平方波与条脉冲幅度比 K_{pb}、行—时间波形失真 K_b 与场—时间波

形失真 K_V。

以上四个 K 系数可用专用的刻度板测量，或从所测波形幅度按有关加权计算式计算。从所测的 K_P、K_{pb}、K_b 中取绝对值最大者作为被测通道的 K 系数。K_V 经箝位电路后可以得到较大改善，因而 K_V 的测量值仅作参考。

2. 色度–亮度增益差测量

视频通道内线性网络如对色度信号与亮度信号的增益（或衰减）不一致，将产生色度–亮度增益差（ΔK）。

测试信号用第 17 行测试信号中的 $20T$ 复合脉冲信号 F，它由一个半幅度为 $20T$ 的正弦平方波与一个由 $20T$ 正弦平方波对色副载波振荡信号进行平衡调制的包络波相加而成。F 信号频谱包括高、低两频段，低频段（500kHz 以下）部分代表亮度信号；高频段（3.93MHz～4.93MHz）部分代表色度信号。

色度–亮度增益差用波形监视器测量，色度–亮度增益差 ΔK 可用下式计算：

$$\Delta K = \frac{2\,(V_a - V_b)}{V_{max} + (V_a - V_b)} \times 100\% \qquad (4-17)$$

式中，V_a 与 V_b 分别为被测失真波形底线偏离其基准的电压值。网络中如同时存在色度–亮度时延差，则失真波形不再以中心线对称。如色度分量增益低于亮度分量增益，则色饱和度偏低，反映在屏幕上是彩色图像颜色变浅，这会使鲜艳的红色变成浅红色，人的肤色显得清淡。如色度分量增益高于亮度分量增益，则色饱和度偏高，这会使橙红色变为深咖啡色，人脸部肤色过深，轮廓不分明，缺乏真实感。

3. 色度-亮度时延差测量

视频通道内的线性网络如对色度信号与亮度信号的时延不一致，将产生色度-亮度时延差（$\Delta\tau$）。

测试波形与测量方法与上述测量色度-亮度增益差相同。色度-亮度时延差与线性网络时延—频率特性不均匀之间的关系，如线性网络只存在时延—频率特性不均匀，则当色度分量时延较大时，失真的波形右面底线向下凸出，左面底线向上凹进。当色度分量时延较小时，失真的波形右面底部凹进，而左面底部凸出。左、右两面凹进与凸出的幅度是相同的。

网络中如同时存在色度-亮度增益差，则失真波形左、右幅度变化不再对称。视频通道如存在色度-亮度时延差，在画面水平方向上将出现彩色镶边，严重时彩色与图像分离，类似于彩色印刷中的套色不准。它还会使彩色清晰度下降，影响彩色图像质量。时延差时间如在100ns范围以内，一般是不容易察觉的，这时的时延差相当于一个像素的距离，但当时延差大于100ns时，则可被察觉。为提高彩色电视机的收视质量，应对电视机固有的时延差进行补偿，通常是在发射机上进行预均衡，使整个视频通道最后的时延特性趋于理想。时延差造成的镶边现象与彩色显像管会聚不良引起的镶边现象是有差别的，前者只在黑白图像左右出现，且彩色中的三基色本身是重合在一起的。

（四）视频信号非线性失真测量

视频信号非线性失真系由视频通道中存在非线性电路引起的。非线性失真程度与电路的工作状态及输入信号电平大小有关。亮度信号失真主要考虑它的幅度失真，因它的相移变化一般不大。由于色度信号与亮度信号采用频分复用方式，在彩色信号中，色度信号叠加在亮度信号之上，如视频通道存在非线性失真，亮度与色度信号之间将产生互调失真。

色度信号的失真将影响图像彩色的重现，因此它对图像质量的影响要比亮度信号的失真大得多。此外，通道的非线性失真将影响同步信号幅度与色副载波同步信号的失真。

用卫星传送电视节目信号时，为能得到较高信噪比，有时采用过频偏措施，即把调频波载波频率偏移量调得很大，而频道通带对过频偏的调频信号将产生线性失真，这种线性失真使复合彩色信号的微分增益和微分相位增加。对已调图像信号的解调如采用包络检波，还将产生正交失真，它虽然并非视频通道的非线性失真引起的，但从质量损伤来看类似非线性失真。

1. 亮度信号非线性测量

亮度信号非线性失真可能是由亮度信号幅度变化引起的，亦可能是由色度信号幅度变化引起的。测量由亮度信号幅度变化引起的非线性失真，测试信号用第 17 行测试信号中的 5 阶梯信号 D_1 波形，用波形监视器测量。

有时为便于观测，常把被测阶梯波输出波形通过一个微分脉冲形成网络，把阶梯信号变成 5 个尖脉冲串。亮度信号非线性失真 D 按下式计算：

$$D = \frac{A_{\max} - A_{\min}}{A_{\max}} \times 100\% \qquad (4-18)$$

亮度信号非线性失真，在黑白电视图像上，主要是引起对比度变化与灰度层次减少。因此，只要失真不是很严重，观众不易觉察到。然而在彩色电视中，如亮度信号有非线性失真，就会使重现的彩色图像产生色饱和度失真。

2. 色度–亮度互调失真测量

这是一种与色度信号幅度有关的亮度信号非线性失真，它主要是叠加在亮度信号上的色度信号电平变化引起的。

测试信号用第 331 行测试信号中的 G_2（或 G_1）波形。视频通道的输出端用 4.43MHz 阻滞滤波器滤去副载波信号，所得到的即为被测亮度信号。色度信号对亮度信号的互调失真 D，可用下式计算：

$$D = \frac{b_6 - b_5}{b_6} \times 100\% \qquad (4-19)$$

式中，b_6 为无副载波信号处的亮度信号电平；b_5 为滤去副载波后的亮度信号。

如通道存在着非线性失真，当色度信号幅度较大，会使已调副载波信号上下两半周期的幅度不对称，从而产生直流分量，使原来的亮度信号幅度发生变化。这种变化一般不易察觉，但对色浓度较大的彩色字幕而言，会使文字与背景的对比度过大或过小，给人以不协调的感觉。

3. 微分增益测量

微分增益是当通道存在非线性失真，色度信号幅度随亮度信号幅度而变化的一种失真。色度信号是叠加在亮度信号上传送的，而亮度信号电平随图像内容而变化，这对色度信号来说相当于工作点在变动，因此如果通道中存在非线性失真，色度信号将产生非线性失真。

测试信号用第 330 行测试信号中的 D_2 波形。让被测的输出信号通过 4.43MHz 带通滤波器，取出幅度有失真的副载波信号，用波形监视器测量各阶梯的色副载波幅度变化。或把上述副载波信号送至峰值检波器，用检波后的直流信号进行比较。

微分增益失真的正值 X，负值 Y 与峰—峰值 $(X+Y)$，按以下诸式计算：

$$X = \frac{A_{max} - A_0}{A_0} \times 100\% \tag{4-20}$$

$$Y = \frac{A_0 - A_{min}}{A_0} \times 100\% \tag{4-21}$$

$$X + Y = \frac{A_{max} - A_{min}}{A_0} \times 100\% \tag{4-22}$$

以上诸式中，A_0 为消隐电平上副载波幅度，A_{max} 与 A_{min} 分别为各阶梯上副载波中的最大值与最小值。

4. 微分相位测量

微分相位是当通道存在非线性失真，色度信号相位随亮度信号幅度而变化的一种失真。亮度信号幅度变化，会影响色度信号工作点变动，随之引起晶体管等输入阻抗的变化，使色度信号产生相位失真。

测试信号用第 330 行测试信号中的 D_2 波形。测试微分相位的方法有多种，以下介绍色同步信号法。

这是用全电视信号中的色同步信号相位与第 330 行的 D_2 波形上各阶梯载波信号进行比相。鉴相器的两路输入信号，一路为被测通道输出的第 330 行测试信号中的 D_2 色副载波信号，另一路为经相位调节器的色副载波锁相振荡器输出信号。经低通滤波器与放大后的鉴相器输出直流信号加至选行示波器的垂直偏转输入端。

5. 色度信号非线性失真测量

色度信号非线性失真是指与色度信号本身幅度变化有关的一种失真。如通道存在非线性失真，则当色度副载波信号幅度变化时，它在输出端与输入端相对应的幅度之间的比例偏离为色度信号非线性失真。

测试信号用第 331 行中的 G_2 波形。在输出端用波形监视器观测三个色度信号阶梯电平的峰—峰值。色度信号在副载波幅度最小处与最大处的非线性失真 D_1 与 D_2 分别用下式计算：

$$D_1 = \left| \frac{3A_1 - A_2}{A_2} \right| \times 100\% \qquad (4-23)$$

$$D_2 = \left| \frac{3A_3 - 5A_2}{5A_2} \right| \times 100\% \qquad (4-24)$$

式中，A_1、A_2 与 A_3 分别为输出端副载波幅度最小、中间与最大处的峰—峰值。从计算结果中取较大者作为色度信号非线性失真。此种失真，反映在图像上，为色饱和度失真，色度层次减少，图像缺少立体感。

（五）视频噪波与干扰测量

视频噪波与干扰，包括连续随机噪波、电源噪波、单频干扰、脉冲性噪波干扰与串扰等方面。

1. 连续随机噪波

连续随机噪波（简称随机噪波）按照频谱分布形状，大致有两类。一类是频谱平坦，类似白色光的频谱，称为白噪波，它主要是电阻等所产生的热激噪波。另一类是噪波电压与频率成正比，频谱分布形状似三角形，称为三角噪波，调频系统与场效应管低电平放大器所产生的噪波属于这一类。

随机噪波对图像质量损伤程度不仅与随机噪波电压大小或随机噪波信噪比大小有关，同时与随机噪波的频率分量有关。在相同的信噪比条件下，较低频率分量的随机噪波，在屏幕上呈现为颗粒较大的雪花状干扰，较为刺眼，对视觉影响较大，对图像质量的损伤较为严重。而较高频率分量的随机噪波表现为颗粒较小的干扰，不甚刺眼，对视觉影响不大。为使所测随机噪波电压与主观感觉一致，可在测量随机噪波时接入一个能模拟人眼对该噪波主观感觉特性的网络，使随机噪波频谱分布在测量之前预先产生失真，这一接入的网络称为随机噪波加权网络。接入该加权网络后测量出的信噪比称为加权信噪比。测量视频随机噪波采用统一加权网络，统一加权网络对白噪波与三角噪波的理论加权系数如表4-2所示。

表4-2　　　　统一加权网络对白噪波与三角噪波的理论加权系数

频带宽度（MHz）	理论加权系数（dB）	
	白噪波	三角噪波
5	7.8	12.2
6	8	12.8

在相同频段中，色度通道内的随机噪波对色度信号干扰的影响比对亮度信号干扰的影响更大。这是因为色度信号在解调时，把色度通道内的随机噪波分解成1MHz以下的低、中频段噪波，这样在屏幕上将形成较大的色点干扰，就显得甚为刺眼。试验表明，色度通道内随机噪波的加权信噪比比亮度通道的低6dB左右。

2. 随机噪波信噪比测量

（1）随机噪波测量用滤波器。

随机噪波信噪比用有效值（均方根值）电压表测量。测量时在被测视频信号与测量仪之间接入高通与低通滤波器。测量加权噪波信噪比，还应接入加权网络。高通滤波器的高通频率为10kHz，用以排除交流电源干扰和微音效应。低通滤波器的低端频率与视频通道的标称带宽频率相同。

（2）不加权随机噪波信噪比。

不加权随机噪波信噪比由亮度信号幅度标称值（0.7V）与带宽限制（简称限带）后随机噪波幅度有效值之比决定，用分贝表示，其计算式为：

$$S/N = 20\lg \frac{\text{亮度信号幅度标称值}}{\text{限带后随机噪波幅度有效值}} \qquad (4-25)$$

（3）加权随机噪波信噪比。

加权随机噪波比由亮度信号幅度标称值（0.7V）与加权及限带后随机噪波幅度有效值之比决定，用分贝表示，其计算式为：

$$S/N = 20\lg \frac{\text{亮度信号幅度标称值}}{\text{加权及限带后随机噪波幅度有效值}} \qquad (4-26)$$

3. 随机噪波电压的测量

测量随机噪波电压通常是测量第 22 行（空行）消隐电平上的随机噪波电压，用有效值表示。测量随机噪波电压的方法有多种，如用波形监视器测量（波形监测器测量法）、用比较法测量、用视频噪波测量仪测量等。

这里简单介绍一下波形监视器测量法。在波形监视器或选行示波器上看到的随机噪波是一条水平形状的带有毛边的亮带，亮带的亮度由水平中间部分向上 F 边缘逐渐减弱。随机噪波一般呈高斯型概率分布，其中幅度较大的脉冲个数较少。设随机噪波的波峰因子（峰值与有效值之比）为 4，即有效值电压为峰—峰值电压 1/8，或有效值电压约比峰—峰值电压小 18dB。用波形监视器测量的随机噪波电压由于噪波幅度的随机性以及从示波器测到的电压读数，还与示波器的亮度有关，从示波器测到的通常不是随机噪波的峰值电压，而是准峰值电压。准峰值折算成有效值需从准峰值的分贝数减去 14~18dB。用此法测量带有一定的经验性，但所用测量仪器比较简单。

4. 电源噪波等的测量

（1）电源噪波。

这是指电源频率和它的谐波产生的噪波。测量电源噪波应接入 1kHz 低通滤波器，测量应在无图像信号时进行，用示波器观测，用峰—峰值电压表示。视频信号电源噪波的信噪比用下式计算：

$$S/N = 20\lg \frac{亮度信号幅度（0.7V）}{电源交流噪波峰—峰值} \tag{4-27}$$

（2）单频干扰。

单频干扰通常是指行频以上视频频带内的正弦波（或准正弦波）的干扰。单频干扰电压用选频电压表或示波器测量，用峰—峰值表示。视频信号单频干扰的信噪比用下式计算：

$$S/N = 20\lg \frac{亮度信号幅度（0.7V）}{单频干扰峰—峰值} \tag{4-28}$$

（3）脉冲性噪波干扰。

脉冲性噪波干扰主要是指电火花等产生的干扰。这类干扰最好用记忆示波器或数字存储示波器测量。视频信号脉冲干扰的信噪比用下式计算：

$$S/N = 20\lg \frac{亮度信号幅度（0.7V）}{脉冲噪波峰—峰值} \tag{4-29}$$

第五章　有线电视监测

随着有线电视事业的不断发展，节目套数不断增加，网络规模不断扩大，服务用户不断增多，保证广大观众看到高质量的有线电视节目，保证有线电视系统科学规范有序运行，建立有线电视系统质量自我反馈、自我监督、自我完善体制，做好有线电视系统的技术监测工作，是非常重要的。有线电视监测是广播电视监测事业的重要组成部分，是广播电视监测的主要任务之一，也是国家广播电视总局行使政府管理职能的重要技术手段和广电行业科学管理的主要技术平台，为全国的有线电视安全播出提供服务。

有线电视监测的主要任务包括播出质量、播出内容和频道监测。

（1）播出质量监测主要是对播出机房出现的重大停播事故和播出质量进行监测，及时发现前端各套节目播出中的异常情况，汇总、处理、分析监测数据。同时监测所有频道射频主要技术指标及视频技术指标，保证信号输出质量并进行有线电视频谱监测。

（2）播出内容监测主要监测节目内容是否存在违规现象，监测未经批准而进行转播的节目和未经批准而转播境外的电视节目。

（3）频道监测是为管理部门提供频道统一管理的技术平台，主要监测有线电视播出频道数和各类节目的转播。

第一节　有线电视监测方法

一、有线电视监测系统组成

有线电视监测系统要求准确、及时反映有线电视节目播出、传输和接收的质量、效果，提高有线电视传输网络应对非法播出和突发事件的能力，对于提高有线电视宣传质量起到重要的作用。同时要改变以往滞后、片面、被动掌握情况以及完全依靠人工的局面。因此需要采用先进的技术手段，使有线电视监测系统更加高效、快捷、智能、安全。

有线电视监测系统由自动监测设备、系统应用平台、网络传输平台三部分组成。

（一）自动监测设备

能够实现全数字化监测，所有监测数据能够封装成 IP（Internet Protocol，互联网协议）数据包的形式在网络中传输。

将接收的模拟信号，进行数字化、压缩编码，以适合在网络中进行传输，并易于在用户终端进行解码，可使用普通计算机进行观看。

能够接收监测任务，自动控制测量射频主要技术指标，如图像载波电平、伴音载波电平、载噪比等，并能主动向系统应用平台上报。

能够自动判断播出事故异常，并产生报警信息，减少人工判断监看的工作量。

能够实时进行录像，包括对播出事故进行录像，以备查询用，并且可以随时调用观看。

(二) 系统应用平台

系统应用平台操作简便、功能全面。

其依靠自动监测设备及网络传输平台，将自动监测设备采集并回传的信号，在应用系统上直观、全面展示出来。

通过系统应用平台可以远程遥控监测设备的工作状态，向自动监测设备下达监测任务，查看任务的执行状态。

能够接收自动监测设备上报的各类数据。

具有强大的数据处理、统计和查询功能，能够对监测设备上报的指标数据、报警信息等不同种类的数据进行分类统计和查询，可以方便快捷出具各类监测报告。

根据各地情况，若监测对象分布较广，地点较多，则可以考虑进行分片管理和监测，建立两级或多级子系统应用平台。但这给业务流程设计和管理带来了一定的难度。要充分发挥子系统应用平台的作用和优势，合理利用资源，利用监测任务和数据上报流程管理，在业务和管理上实现统一监测、逐级管理。

(三) 网络传输平台

利用现代数字技术的有线电视监测系统中，网络传输平台是不可缺少的一部分。需要将监测的信号、指标数据、报警信息等不同类型的数据通过网络进行传输。出于专用性和安全性的考虑，网络传输平台一般架设在广电传输干线网之上，依靠广电传输干线网将信号由各分支节点汇聚到中心节点。其由三部分组成——监测中心节点、监测前端节点和业务承载网，网络拓扑结构为星树形。

监测中心节点：中心设备、中心交换机和中心路由器组成中心 LAN（Local Area Network，局域网），在中心 LAN 内完成对监测数据的处理和分析，中心 LAN 作为信息发布平台，将处理后的监测数据进行发布。

监测前端节点：前端采集设备、前端交换机和前端路由器组成前端监测 LAN，完成对有线前端数据信号的采集和回传等功能。

业务承载网：负责将前端节点采集到的数据信号顺利回传至监测中心节点的光传输网络，可为 SDH（Synchronous Digital Hierarchy，同步数字体系）网络、ATM（Asynchronous Transfer Mode，异步传输模式）网络等。

二、自动异态监测

(一) 数字化异态监测方法

采用全数字异态监测技术，使用"A/D 转换+DSP（Digital Signal Processing，数字信号处理）+计算机监测"，精度高，反应速度快，可分地点、分节目灵活调整报警灵敏度和报警时间门限，解决自动监测所带来的漏报和误报问题。监测部门可以根据实际情况，结合自身的任务要求和重点监测对象，进行灵活调整，保证异态报警的准确性。

1. 可以根据节目内容的特点设置阀值

例如，对运动类节目和教育类节目应该设置不同的报警灵敏度。自动监测设备根据不同值进行异态报警。并且报警时间阀值可以设置成不同的，教育类节目的报警时间可以设置较长，避免节目正常播出的内容造成的异态报警误报。

2. 可以根据关注对象设置阀值

针对重点监测的节目可以设置较短的时间阀值及相应的灵敏度，减少重点监测节目漏报。

（二）自动异态监测内容

根据监测需要，定义的异态报警有无载波、无图像、无伴音、图像静止、黑屏和彩条等。这些异态为监测过程中常见的异态类型。根据异态定义，监测设备分别制定不同的报警灵敏度算法规则，超过灵敏度和时间阀值，自动产生异态报警，实现自动异态监测。同时，在异态恢复后，设备会自动记录恢复时间，并上报恢复状态。

为了减少自动化监测带来的误报、错报问题，监测系统中还应增加报警优先级别的定义，如彩条及黑屏异态为图像静止的特例，因此在出现彩条或黑屏异态报警时就不再上报图像静止报警。

优先级定义如下。

产生无载波报警时，不再上报其他报警。

产生无图像报警时，不再上报无伴音、图像静止、黑屏、彩条报警。

产生黑屏报警时，不再上报图像静止报警。

产生彩条报警时，不再上报图像静止报警。

（三）异态报警处理方法

异态报警监测要遵循"自动为主，人工为辅"的原则，充分依靠数字化、智能化的监测系统，及时发现播出异态；同时通过人工核实监测异态，准确、快捷地处理异态报警。

应用系统应结合实际情况和以出具监测报告为最终目的，将实际操作流程演变为计算机语言，体现在系统操作中，使异态处理流程更加简单、可操作性强和便于统计分析。异态报警具体处理方法如下。

核实异态原因，为了能够如实、客观反映播出异态，有线电视监测系统应该对产生异态报警的节目进行录像。在系统自动产生报警后，值班人员必须通过查询录像，判断异态的准确性，同时根据异态现象初步进行主观判断，确定故障点，再与相关部门进行具体异态原因核实，并详细记录异态原因。

填写故障类型，在核实具体异态原因后，值班人员应准确判断事故的故障类型并进行填写。根据有线广播电视信号的传输规律与技术特点，考虑到监测业务服务对象对监测信息的关注重点及影响有线广播电视信号正常传播的主要因素，故障类型应该能够体现各种故障分类和故障发生的环节。

（四）异态级别定性

异态一般情况下可划分为重大异态、重要异态和一般异态，可根据具体情况而定。一般要掌握以下三个原则。

第一，按照区域进行划分，如对省会城市、直辖市及沿边城市等进行重点监测，或者异态事故影响范围较广等可以定义为重大或重要异态。

第二，按照异态持续时间划分。

第三，按照节目内容划分，如对中央电视台、上星节目等重点节目进行监测，若出现异态可以定义为重大或重要异态。

第二节　有线网络运行状况监测

一、系统网络概述

全国有线广播电视监测网是一个覆盖全国的大型网络，按照中心、分中心、前端节点三级架构进行建设。

全国有线广播电视监测网采用拓扑结构，信息由地市级节点通过省级分中心节点汇聚到国家中心节点，每个节点均建有各自的局域网。地市前端设备回传的监测数据通过 R1760 路由器的 CE1 接口（除 0 时隙外的全部时隙任意分成若干组）与地市机房的传输设备相连，经广电省干 SDH 传输网回传至各省监测分中心，分中心 Ne05 路由器配有多个 CE1 接口与辖内多个地市进行对接。各省分中心将辖内地市回传的监测数据通过 CT3 接口（45M）与省网络公司的传输设备相连，经广电国干 SDH 传输网回传至国家广播电影电视总局广播电视监测中心，国家广播电影电视总局广播电视监测中心的 Ne16 路由器通过 CT3 接口卡与分中心完成对接。

二、网络基本故障处理

(一) 故障产生原因

路由器故障从故障点来看分为两种，一是链路故障，二是设备故障。从现象上来看，可以分为断线和丢包。故障产生的原因大致可以分为六类：接口处线缆接触不良；设备未充电；设备误操作；光纤中断；网络数据拥塞；设备损坏。

(二) 故障解决步骤

1. 判断故障点位置

首先可以通过使用 ping 命令来初步判断，链路是断线还是丢包。事实上链路都需要经过多个设备，因此一般是首先找到发生故障的大概位置，然后逐项排除定位故障类型，最终找到解决方案。因以太网链路是自行协商的，其通断完全依靠设备配置，故下面仅介绍如何简单定位广域网故障。通过查看端口状态（使用"show inter-face"命令）可以判断广域网链路通信是否正常。广域网接口有以下五种状态。

①Serial number is administratively down, line protocol is down.

表示该接口被手动关闭（shut down）；

②Serial number is down, line protocol is down.

表示该接口没有被激活或物理层没有转为 up 状态；

③Serial number is up, line protocol is up（spoofing）.

表示该接口是拨号口，但还未呼通；

④Serial number is up, line protocol is up.

表示该接口已可以进行数据传输；

⑤Serial number is up, line protocol is down.

表示该接口已激活，但链路协商仍没有通过。

若显示"Serial4/2/0：0 is up line protocol is down"，则说明此端口向下的某一点中断，可通过做环来检查，由各省网络公司或前端机房人员做环（将收发电缆进行逻辑上或物理上的对接）后，使用"show interface ser 端口 ID"。

若显示"Encapsulation is PPP Loopback is Detected"，则表明环路被检测到，故障点不在这段线路之内，增大范围继续排查。

若仅看到"Encapsulation is PPP"，则表明故障在这段线路之内，缩小范围继续排查。

若是链路发生丢包，则按照以下步骤进行处理，首先做环，然后对端口报文收发统计进行重置（通过 clear port 或者 reset count port 之类的命令）。查看环路状态的同时，观察端口收发报文是否相等。若相等，表明该条回路无故障，扩大排查范围，重复以上步骤；若不相等，则继续缩小范围进行排查。

Output queue：（size/max/drops）0/75/0

Last 5 minutes input rate 340 bytes/sec, 3 packets/sec

Last 5 minutes output rate 729 bytes/sec, 3 packets/sec

Input：185270073 packets, 21672404249 bytes

0 errors，0 runts，0 giants，0 CRC，

0 overruns，0 aborts，0 ONR

Output：309487602 packets，335378630873 bytes

通过逐项排查，最后判断故障的原因是上文所说的六类中的哪一类。

2. 解决故障

通常与设备维护单位联系，多方一起配合进行故障解决。另外，路由的状态是否正常，可以通过查看网管的物理拓扑视图来知道，发现某个节点颜色由正常的绿色变为黄色，就说明这个节点有些端口状态异常，它的下一级某些节点通信中断，一旦节点变为蓝色那就说明此节点与上一级节点通信中断。

当需要查看路由网络设备的故障情况，想要知道某个线路什么时候中断，什么时候恢复；某台设备什么时候有人登进去进行某些修改和操作时，都可以通过登入路由设备查看日志文件来进行。

第六章　卫星电视广播监测

卫星电视广播监测工作是依靠专业的监测系统平台，通过自动监测技术和人工处理相结合的方式对卫星电视广播系统的各个环节进行长期有效监测，确保卫星电视广播播出安全、规范以及合理配置卫星频谱资源。

第一节　卫星电视广播系统

一、卫星电视广播系统的组成

卫星电视广播系统是由广播电视中心、地面引接电路、卫星上行地球站、广播卫星、卫星接收系统组成的。节目在广播电视中心制作，经过地面引接电路传输至卫星上行地球站，然后通过卫星上行地球站发送到广播卫星上，再由广播卫星进行转发，这样在卫星的覆盖区就可以通过卫星接收系统接收到节目了。

目前卫星电视广播传送已完成了全面向数字信号传输转变这一进程。数字信号传输的主要优点如下：传送质量高，所需上行发射功率小，抗干扰能力强；通过数字压缩技术可以大大缩小频带宽度，大大降低传输（上行、转发器、接收）成本；通常一个卫星转发器仅能传输 1 或 2 套模拟电视节目，而传输压缩数字电视节目时，一个转发器可传输近 10 套节目；可以提供多种服务；便于对节目加密，实现有条件接收。

(一) 广播电视中心

广播电视中心的主要任务是进行广播电视节目采集、编辑、制作和播出，并负责向卫星上行地球站提供节目源。例如，可提供中频调制信号的广播电视中心的系统（不包括节目制作环节）。

节目源经过 SDI（Serial Digital Interface，串行数字接口）信号分配放大器送入编码器，经压缩编码后产生 ASI（Asynchronous Serial Interface，异步串行接口）传输流输出。编码器支持多路立体声音频输入，可实现对广播节目进行音频编码，与视频节目一起输出。编码器通常采用 $n+1$ 热备份方式。n 路节目的视音频信号经分配放大器后接入 L×M 切换开关，切换开关输出节目至备份编码器中，当在播的编码器发生故障时，网管会把该路信号通过 L×M 切换开关切换至备路编码器。

主路和备路共 $n+1$ 路编码器输出的 ASI 信号分别接入主、备两路复用器，正常情况下，切换矩阵无信号输出，一旦主用编码器发生告警，网管系统通过控制信号控制切换矩阵将故障编码器的信号源切出给备用编码器，从而实现编码器的 $n+1$ 热备份。

主复用器对输入的 ASI 信号进行统计复用。统计复用就是在保持相同编码质量的情况下，在多个源之间动态分配网络带宽，即在所有统计复用源之间带宽共享，根据信号的复杂性共享带宽，信号复杂的得到更多带宽，反之得到较少带宽。为实现统计复用功能，复用器会对每路编码器的输入信号各产生 1 路回传的统计复用信号。主、备复用器各产生 1 路 MPTS（Multi-Program Transport Stream，多节目传输流）信号输出。主、备复用器都在线工作，配置相同，输入信号也相同，输出信号分别接到 A、B 切换开关的输入端，正常时，A、B 切换开关将主复用器信号输出，一旦主复用器发生告警，网管系统通过控制信号控制 A、B 切换开关，将备复用器的输出信号切出，从而实现复用器的自动备份。由于是在线式切换，无须对复用器的参数和系统功能进行重新配置，画面切换时间为 A、B 切换开关的切换时间。

数据广播、EPG（Electrical Program Guide，电子节目指南）等其他应用信息通过加扰器接入，也可以 ASI 接口接入复用器进行复用。

主、备复用器产生的信号分别输入主、备加扰器进行加扰输出。主、备加扰器输出的已加扰的码流接入到主、备 QPSK（Quadrature Phase Shift Keying，正交相移键控）调制器中进行调制，这些调制器各输出 1 路中频信号，分别接入中频切换开关，进行主、备路切换，切换器输出 1 路中频信号进入光端机，经光调制后传输到卫星上行地球站进行卫星传输。

（二）地面引接电路

地面引接电路通过光缆、微波等，利用模拟或数字传送方式，将信号源由广播电视中心传输到卫星上行地球站。数字压缩广播电视节目可根据不同情况采用模拟或数字方式传送到卫星上行地球站。

数字压缩广播电视可以利用光缆或微波，以中频调制信号的模拟传输方式，由广播电视中心传送到卫星上行地球站，此方式的特点是传输系统简单、易于监测，但占用传输资源大，由于模拟信号在传输中会导致噪声积累和性能劣化，故不适于长途传输。

目前通过 PDH（Plesiochronous Digital Hierarchy，准同步数字系列）或 SDH 数字传输网传送数字压缩广播电视信号，主要有以下几种方式：利用 2Mbit/s 数字通道采用信道分割、合成技术传送；利用 DS3 数字通道传送；利用 SDH 的 155Mbit/s 数字通道传送。

广播电视中心向卫星上行地球站提供节目源，具体主要包括以下几种信号传输方式。

其一，模拟信号传输、SDI 信号传输方式。

其二，ASI 信号传输方式。

其三，SDH 传输方式。

其四，中频调制信号传输方式。

（三）卫星上行地球站

卫星上行地球站由发送、天线、接收、监控、电源等几个子系统组成，它负责对广播电视中心传来的广播电视信号进行处理，产生 70MHz 或 140MHz 中频信号（根据广播电视系统配置的不同，此部分可能在广播电视中心完成），上变频器、高功放等上行设备将中频信号变频放大为足够强的微波信号，通过天线发往卫星。同时，要随时监测卫星的下行信号的质量。数字广播电视卫星上行地球站主要由节目源引接电路、信号处理系统、上行系统、天线与馈线系统、天线跟踪系统、下行系统（接收系统）、电源系统及监控系统组成。下面介绍一下前四个部分。

节目源引接电路的作用一是通过综合利用光缆、微波、卫星、电缆等，以适用的技术体制提供多路可靠的、高质量的节目源；二是完成对多路节目源的保护性选择，为后级处理系统提供优质节目源。

某卫星上行地球站有微波和光缆两种方式传输来的节目源，微波传输来的节目源一般作为备用节目源。光缆传输来的每路节目源都由两路光缆传送，一路为主用，另一路为备用。

信号处理系统主要完成信号源的切换选择、适配处理和中频调制。信号源一般有 2 路或 3 路：一主一备或一主两备。切换选择是当一路出现故障时要自动或手动切换到备路信号源。信号处理系统可将数字电视基带信号编码并加以复用，其经信道编码和基带处理后变成符合卫星传输体制要求的基带信号形式，然后对中频载波调制，并进行必要的群时延和幅频均衡，以获得较好的群时延特性和幅频特性。

上行系统的作用是将已调中频信号转变为射频信号，并放大到一定的电平，经馈线送至天线，由天线将信号以电磁波的方式辐射给卫星。上行系统的关键设备是上变频器和高功率放大器。

天线与馈线系统中，天线的作用是将高功放输出的射频信号发往卫星，同时接收卫星下行信号传送给接收设备。为了提高传输效率，卫星上行地球站均采用强方向性、高增益面天线。一般上行和下行可共用一副天线。馈线的作用是传输微波信号。上行通常采用波导传输，下行一般用同轴电缆。

（四）广播卫星

广播卫星的功能有以下几点：接收卫星上行地球站上行信号，经滤波、低噪声放大、下变频和功率放大形成卫星下行信号，通过卫星天线将广播电视信号转发覆盖特定服务区域。

广播电视节目传输一般采用地球同步卫星。地球静止卫星是地球同步卫星的一种，地球静止卫星位于赤道上空，绕行地球一周时间恰好与地球自转一周一致，从地面看上去如同静止不动。地球静止卫星并非完全不动，受各种外部因素的影响，其运行轨道在不断偏移。

太阳对同步卫星的引力约为地球对卫星引力的 1/37，此引力可造成同步卫星沿南北方向缓慢飘动；地球南北半球形状不均匀，因此产生的引力也不均匀，地球引力的不均匀导致同步卫星的运转速度发生变化，使同步卫星产生东西方向飘动；太阳对星体的辐射压力同样导致卫星沿东西方向飘动。

上述因素的影响使得同步卫星轨道总体上随时间 8 字形偏移。为保证稳定传输，要利用卫星发动机控制卫星运行姿态，将卫星轨道的偏移限制在一定范围内，同时地球站大口径卫星天线需要具备自动跟踪能力。

广播卫星主要由 5 个子系统组成：天线子系统、广播子系统、电源子系统、跟踪遥测指令子系统、姿态控制子系统。

（五）卫星接收系统

卫星接收系统有两种类型，一种为集体接收系统，另一种为个体卫星接收系统。

二、卫星电视广播的频率范围

频率是一种宝贵的资源，为了保证各种通信和广播业务正常进行，充分利用频谱资源，国际电信联盟召开世界无线电行政大会来规定并协调频率资源的使用，1994 年其改为世界无线通信会议。此会议将卫星通信和广播细分为广播卫星业务、固定卫星业务和移动卫星业务三种，并给每种业务规定了具体的频率范围。

表 6-1 给出了广播卫星业务和固定卫星业务的下行频率范围，表 6-2 给出了广播卫星业务的上行频率范围（广播卫星业务的上行频率属于固定卫星业务的频率范围）。

以我国中央电视台和若干地方电视台曾经租用的亚洲二号卫星为例，其 C 波段转发器的上行频率范围是 5.847GHz~6.421GHz，下行频率范围是 3.622GHz ~ 4.196GHz；Ku 波段转发器的上行频率范围是 14.003GHz~14.297GHz，下行频率范围是 12.203GHz~12.504GHz。

表 6-1　　　　　　广播卫星业务和固定卫星业务的下行频率范围

波段	频率范围（GHz）	带宽（MHz）	地区	业务划分	
				BSS	FSS
L	0.620~0.790	170	第一、二、三区	√	
S	2.500~2.690	190	第一、二、三区	√	
	2.500~2.690	190	第二区		√
	2.500~2.535	35	第三区		√
C	3.400~4.200	800	第一、二、三区		√
	4.500~4.800	300	第一、二、三区		√
Ku	11.700~12.500	800	第一区	√	
	12.100~12.700	600	第二区	√	
	11.700~12.200	500	第三区	√	
	12.500~12.750	250	第三区	√	
	10.700~11.700	1000	第一、三区		√
	10.700~12.300	1300	第二区		√
	12.500~12.750	250	第一、三区		√
Ka	22.500~23.000	500	第二、三区	√	

表 6-2　广播卫星业务的上行频率范围（属于固定卫星业务的范围）

波段	频率范围（GHz）	带宽（MHz）	地区
S	2.655~2.690	35	第二、三区
C	5.725~7.075	1350	第一区
	5.850~7.075	1225	第二、三区
Ku	12.750~13.250	500	第一、二、三区
	14.000~14.800	800	第一、二、三区
	14.500~14.800	300	第一、二、三区
Ka	27.000~27.500	500	第二、三区

三、卫星电视广播调制技术

由于在数字电视系统中传送的是数字电视信号，必须采用高速数字调制技术来提高频谱利用率，从而进一步提高抗干扰能力，以满足数字高清晰度电视系统的传输要求。

第二节　卫星电视广播的监测

一、卫星电视广播监测发展历程

我国卫星电视广播监测事业是伴随着全国卫星电视广播事业的发展而逐步成长起来的。

（一）我国早期卫星电视发展

1985年我国利用C波段通信卫星传输中央电视台第一套模拟电视节目，由于当时卫星转发器资源非常紧张，到1996年年底，我国仅批准了中央电视台第一套、第二套、第四套、第七套和新疆电视台、云南电视台、贵州电视台、四川电视台、西藏电视台、浙江电视台、山东电视台、中国教育电视台、山东教育电视台共计13套模拟电视节目利用卫星传输。当时主要使用了中星5号、亚洲1号、亚太1A等C波段通信卫星。

（二）卫星电视监测发展历程

1996年12月31日，国家广播电影电视总局正式开展卫星电视监测任务，对卫星 CCTV-1（模拟）、CCTV-2（模拟）、CCTV-3/5/6/7/8（数字加密）、亚洲 3SCCTV-4、亚洲二号 CCTV-4、浙江、山东、云南、贵州、四川、内蒙古、西藏等共计 23 路电视节目和 3 套 NICAM728 数字声音广播节目进行监测。建设了电视监测屏幕墙，对监测的节目进行全天候录像。

1999 年增加了对 8 套村村通卫星电视节目的监测。

到 2000 年 8 月，共监测 57 路电视节目和 3 套 NICAM728 数字声音广播节目，监测业务分为各省卫星电视监测和中央电视台卫星电视监测。在监测中尝试利用计算机技术，对节目进行实时自动监测，部分节目的异态录像采用硬盘存储。

到 2002 年，对 105 路电视节目和 3 套 NICAM728 数字声音广播节目进行监测。于 2002 年 11 月对卫星广播电视监测系统进行了数字化、网络化改造，实现了监测自动化，具备音视频自动监测与报警、信道安全监测、编码压缩、集中存储和显示、异态处理等功能，所有的监测数据与音视频文件可以通过网络在远程查询和访问。

2004 年，在原有监测系统上扩展了监测能力，延长了音视频数据的保存时间（由原来的 5 天延长为 10 天）；在安全监测方面，实现了对所有卫星信号进行信道监测、对信号自动切换、对监测设备进行网络控制和管理，满足系统对多路信号监测的灵活性要求，所有监测结果以数据形式采集、处理、存储和发布，系统运行效率高，方便对监测数据统计查询。

2007 年建立全国卫星广播电视安全预警监测系统，实现了对卫星广播电视进行高可靠性的安全预警监测，同时监测业务扩展到所有通过卫星传输的国内电视节目和省级广播节目、村村通平台节目、境外监管平台节目、付费节目集成平台，以及部分中国台湾电视节目。

2008 年 8 月正式开展了直播卫星监测业务，开始对中星 9 号卫星上 4 个载波、48 路电视、48 路广播节目进行监测。

2009 年 9 月底开始对中央和部分省的共计 10 套高清卫星电视节目进行监测。

2011 年开始对卫星传输的中国 3D 电视试验频道进行监测。

二、卫星电视监测的性质

（1）卫星电视监测是卫星广播电视监测事业的重要组成部分，是卫星电视广播监测的主要任务之一。

（2）卫星电视监测是卫星电视高质量安全播出的保障、行业管理的手段，是自我监管机制的具体体现。

（3）卫星电视监测是维护卫星广播电视电波秩序、保护受众权益、改善广播电视覆盖效果的需要。

（4）卫星电视监测是加强行业管理、强化政府职能、促进广播电视事业发展的需要。

（5）卫星电视监测是评判卫星广播电视播出质量、科学配置资源、仲裁事故责任的重要技术依据。

（6）卫星电视监测是广播、电视安全播出调度的技术支持平台，为科学管理提供有力支撑。

（7）卫星电视监测是了解境外卫星广播、电视技术发展和获取境外媒体在我国播出情况的有效手段。

三、卫星电视监测的主要任务

通过技术手段、设备配置和监测策略对卫星电视广播信号进行长期、固定、多技术层面监测，及时发现卫星电视广播异态，准确判断故障环节，通告有关部门，避免播出事故或缩短异态持续时间，为卫星电视广播安全播出提供技术保障。通过长期监测工作，总结卫星电视广播系统运行规律，为上级机关提供监测报告，为决策提供依据。

四、卫星电视监测方法

（一）卫星电视监测层面

通过系统分析卫星电视广播系统关键环节的传输特点，可以从三个层面进行有效监测，分别为传输信道层、码流层和节目层。

（二）卫星电视监测的节点

监测的节点包括节目源、编码器、复用器、节目源传输、上行、卫星转发、电波传输、接收等。

（三）卫星电视监测的主要项目

卫星电视广播监测主要从信源编码及复用、信道编码、调制、发射、卫星星体、节目播出效果等方面出现的失真和误码来进行，通过对各项指标的客观测量和对广播、电视节目质量的主观评价来进行。

五、卫星电视广播监测系统构成

卫星电视广播监测系统是实现准确、及时、快捷开展卫星电视广播监测业务的技术保障平台。系统中运用了多种先进技术和设备，能够实时监测卫星电视广播节目安全播出效果与信号质量，及时捕捉卫星电视广播节目受干扰的情况，对异常情况进行自动报警，并完成卫星电视广播信号监测业务与数据处理等。对卫星电视广播信号进行采集转码成合适的数据格式，进行集中存储，并提供对所保存数据的检索，完成数据统计、报表生成、存储数据查询和远程信息共享服务等相关功能。

卫星电视广播监测系统主要功能：卫星信号安全监测、电视节目进行集中显示和异态自动报警、音视频采集编码压缩、监测数据集中存储、监测数据处理和存储、远程查询录像和监测资料、节目信号本地与远程切换、系统故障与信号异态自动报警、监测业务处理流程自动提示、网络管理、GPS（Global Positioning System，全球定位系统）网络校时、电话自动拨号和通话录音。系统采用了数字压缩技术、存储局域网技术、网络流媒体技术、光纤传输技术、远程数据采集技术等。

（一）按业务功能划分

系统主要由用户交互、音视频处理、信道监测和系统平台、业务处理四大部分组成。

（二）按实现原理划分

系统可分为前端信号处理子系统、音视频采集转码子系统、音视频集中显示和监测子系统、业务管理子系统、信道安全监测子系统、存储子系统、网络子系统等。

1. 前端信号处理子系统

从卫星电视接收天线下来经过低噪声放大和下变频后的第一中频信号经过 RPS（Redundant Power System，冗余电源系统）设备，进入有源功分器，首先分别送到各个数字卫星接收机，数字卫星接收机生成两路 ASI 信号，分别提供给码流监测及解复用设备使用，解复用设备生成单路 IP 组播流，作为采集编码系统和画面监测系统的节目源；有源功分器再将信号分别送至各信号测量模块和频谱仪，进行信道指标（误码率、信号功率等）的测量和频谱分析。

由于系统中接收的卫星上大都有很多个载波，需要送至多个数字卫星接收机、多个信号测量模块及频谱仪使用。为了确保信号的分配质量，在信号分配时都使用了高性能的有源功分器。

为了确保给高频头持续稳定供电，在系统中采用 RPS 设备，以往都是采用卫星接收机给高频头供电，当卫星接收机死机时会影响高频头的正常工作，RPS 设备的使用大大避免了这种现象的发生。

前端信号处理子系统主要由卫星电视接收天线、RPS 设备、有源功分器、数字卫星接收机、复用器（根据实际情况选用）和解复用器等设备组成。

2. 音视频采集转码子系统

采集编码服务器采用刀片服务器配合采集编码软件的方式，采集编码软件接收到网络上由解复用器发出的单节目传输流（MPEG2 编码），将其直接转码成 WMV9 编码的文件进行实时发布和存储。

3. 音视频集中显示和监测子系统

通过网络将接收的单节目传输流直接解码，通过软件进行多画面合成显示，以 VGA（Video Graphics Array，视频图形阵列）方式直接输出到大屏幕，屏幕上显示为卫星电视信号中的 MPEG-2 格式信号。

在解码的同时采用图像识别技术，提取图像色彩和纹理特征，形成特征矢量，进行相似度计算，实现静帧、黑场、蓝屏、彩条、无伴音等异态监测。

4. 业务管理子系统

业务管理子系统的主要功能：设备管理，台际互联、互动，用户认证，信道检测、异态报警处理，音视频异态报警处理等。

5. 信道安全监测子系统

信道安全监测子系统是集卫星电视广播信道自动监测、异态自动报警、数据统计查询、监测业务与系统维护网络化管理于一身的技术平台，当卫星广播电视信号质量劣化时能够及时以声光的形式报警，报告当前报警频率信息，自动记录每条报警的监测信息，事后可对监测全过程进行数据回放，对当时的信号（信道）一对一监测，及时准确地反映信号受损情况。系统中所有监测内容以数据形式采集、处理、存储、发布，提高了系统运行效率，方便后期对数据统计查询和回放。系统中的监测指标报警主要依据数字信道的误码率（纠错前和纠错后），根据用户定制的报警阀值，当信号受扰时，第一时间提醒值班人员注意异态情况的发生，集中监测、报告和处理。信号安全监测子系统有数据监测、频谱监测、用户管理、设备管理、频率设置、报警查看、数据回放和数据统计等主要功能模块。

6. 存储子系统

存储子系统使用容量大且运行可靠的磁盘阵列，可通过 NAS（Network Attached Storage，网络附属存储）网关连接到系统网络，NAS 网关是一种到 SAN（Storage Area Network，存储局域网）的协议处理网关，其具有特别为文件存储服务优化过的软硬件架构，从而可以提供高度整合的数据块级和文件级的存储访问服务。

7. 网络子系统

通过对卫星电视广播监测系统的业务模式进行分析，发现其业务具有如下特点。

第一，该监测系统中需要进行传输的数据报文格式众多。不仅有供音视频监测使用的大量 TS（Transport Stream，传输流）数据，还有大量的报警数据、控制指令；有进行点对点传输的单播报文，有使用组播进行点对多点通信的组播数据，也存在大量的类似 ARP（Address Resolution Protocol，地址解析协议）查询的广播数据；有些数据封装在 TCP（Transmission Control Protocol，传输控制协议）包内，进行可靠传输，有些数据封装在 UDP（User Datagram Protocol，用户数据报协议）包内，尽最大可能进行快速传输。

第二，监测业务产生的各类数据，必须在网络中进行快速转发。特别是各类报警信息和控制指令，需要以最快的速度在各个监测业务模块之间进行传输，此外音视频监测过程中，由于音视频数据对于丢包和延迟极为敏感，也需要进行数据包快速传输。

第三，音视频监测相关子系统中，不仅作为信号源使用的 TS 组播包流量巨大，仅一套普通电视节目的码率就可以达到 6Mbps，经过压缩处理后的码率也在 700kbps 以上，对压缩后的数据进行存储、播放也需要大量的带宽资源。

第四，整个监测系统的业务数据呈漏斗状汇聚。大量的前端监测设备产生的报警数据需要经过网络汇聚到监测服务器进行数据汇总和分析，所有的音视频信号在经过压缩转码之后，也需要集中接入存储服务器，越是核心设备，所需要接收和处理的数据流就越大。

根据上述特点，在设计和规划网络子系统时应该遵循以下三个基本原则。

其一，层次化设计网络结构。这是网络传输效率的基础，优秀的网络结构有助于增强网络的性能，使网络更加稳固和易于管理。因此，利用"核心—汇聚—边缘"三层网络结构进行设计，能够科学地规划监测系统的网络架构。

其二，模块化部署。依照各个设备的功能、特性和其在监测系统中的角色，将整个监测系统划分为若干个模块或子区域，能够简化网络的设计、实施和维护工作。

这些模块或子区域由不同的设备组成，处理不同的业务数据。为了在网络上避免各子系统间的干扰，提高整个系统的稳定性和安全性，建议将这些子系统划分为不同的 VLAN（Virtual Local Area Network，虚拟局域网）。

目前的监测系统都是基于 IP 传输的流媒体监测系统，可以利用 VLAN 对这个大网的网络进行逻辑划分，最终将其划分为若干个彼此独立的小的子网，并且在网络中引入 IP 组播数据。IP 组播的应用主要是解复用器或接收机输出 OverIP 的 TS 以及 Media 服务器提供基于组播的视频点播服务。使用 IP 组播的主要优势在于，在一个数据源有多个接收客户端的情况下，提高网络骨干链路的带宽利用率，降低网络核心设备的负载。

其三，高冗余。保证为关键节点和骨干链路提供高冗余设计，提供硬件设备或链路级别的热备切换保障，以进一步提高系统的稳定性和可靠性。

参考文献

[1] 余兆明,余智.数字电视传输与组网[M].北京:人民邮电出版社,2003.

[2] 朱毅麟.广播卫星基本知识[M].北京:国防工业出版社,1980.

[3] 龚汉民,闵士权.卫星广播技术[M].北京:北京广播学院出版社,1989.

[4] 朱辉.实用射频测试和测量[M].北京:电子工业出版社,2012.

[5] 张洪顺,王磊.无线电监测与测向定位[M].西安:西安电子科技大学出版社,2011.

[6] 袁之麟.无线电接收设备[M].天津:天津科学技术出版社,1985.

[7] 丁钟琦.晶体管接收机电路的原理与设计[M].北京:科学出版社,1982.

[8] 樊昌信,曹丽娜.通信原理[M].北京:国防工业出版社,2006.

[9] 陆伟良.调幅立体声广播与接收技术[M].北京:中国广播电视出版社,1988.

[10] 俞锡良.调频收音机原理与制作[M].北京:人民邮电出版社,1987.

[11] 国家技术监督局.电视、调频广播场强测量方法[S].北京:中国标

准出版社,1994.

[12] 蔡兴勇.广播电视技术基础[M].广州:暨南大学出版社,2000.

[13] 金国钧.有线电视概论[M].北京:人民邮电出版社,2004.

[14] 施国强,黄吴明,张万书.有线电视网络技术手册[M].北京:电子工业出版社,2002.

[15] 史萍,陈德泽.广播电视技术[M].北京:中国广播电视出版社,2008.

[16] 徐民鹰,刘信圣.三网合一技术基础[M].北京:中国国际广播出版社,2003.

[17] 李伟章.现代通信网概论[M].北京:人民邮电出版社,2003.

[18] 陶宏伟.有线电视技术[M].北京:电子工业出版社,2001.

[19] 刘健.有线电视工程设计、安装与维护[M].北京:人民邮电出版社,2004.

[20] 刘修文.数字电视有线传输技术[M].北京:电子工业出版社,2002.